Phänomene der Elektronik

Burkhard Kainka

Copyright © 2020 Burkhard Kainka

Alle Rechte vorbehalten.

ISBN: 9798563668270
Independently published

EINLEITUNG

In der Elektronik gibt es einen breiten Konsens, welche Schaltungen und welche Anwendungen der wichtigsten Bauteile zum Grundwissen gehören. Oft reicht schon ein Blick in das Datenblatt des Herstellers um zu erfahren, wie ein Bauteil normalerweise eingesetzt werden sollte.

Daneben gibt es aber auch viele weniger bekannte Effekte, die nur selten, und dann vielleicht als Störeffekte in Erscheinung treten. Aber manchmal mutiert ein unerwünschter Störeffekt zu einer nützlichen Anwendung. Einige der größten Erfindungen sind durch Zufälle entstanden, bei denen etwas ganz anderes gefunden wurde, als ursprünglich im Fokus stand. Röntgen z.B. wollte Kanalstrahlen, also schnelle Elektronen untersuchen. Und nur weil zufällig ein fluoreszierender Stoff im Labor war, entdeckte er die später so genannten Röntgen-Strahlen.

Mir ist es oft so gegangen. Etwas hat nicht funktioniert wie geplant, und bei der Fehlersuche bin ich auf Phänomene gestoßen, die ich noch nicht kannte. Und manchmal ist daraus eine nützliche Anwendung oder eine neue Schaltung geworden. Oft finde ich dann Informationen zu diesem Effekt, der in anderen Zusammenhängen schon bekannt war. Manchmal weiß ich gar nicht, ob meine neue gefundene Anwendung wirklich neu ist. Manches ist vielleicht in der Vergangenheit schon einmal untersucht worden und dann wieder in Vergessenheit geraten.

In anderen Fällen gibt es zwar sehr teure Spezialbauteile für eine besondere Aufgabe, aber sie beruhen auf bekannten Phänomenen, die auch bei Standardbauteilen zu finden sind. Dann ist es mir ein Anliegen, die einfachste und preiswerteste Lösung zu suchen, um einer breiten Gruppe Interessierter die Möglichkeit zu geben, sich mit diesem Thema zu beschäftigen.

Kürzlich habe ich mich mit Bleistift und Papier an den Schreibtisch gesetzt und notiert, welche Phänomene, Sondereffekte oder erstaunliche Schaltungen mir bisher über den Weg gelaufen sind. Da kam einiges zusammen, und beim längeren Nachdenken noch viel mehr. Das war der Ausgangspunkt für dieses Buch.

Wenn man lange und intensiv an einer Sache arbeitet, ist es ganz normal, dass man neue Dinge entdeckt. Und wenn man dann die Möglichkeit hat, dem nachzugehen, kann etwas Neues daraus werden. Die längste Zeit meines Berufslebens habe ich für Verlage wie Franzis, Elektor und Kosmos gearbeitet. Da ging es weniger um HighTech-Entwicklungen als um möglichst einfache Grundlagenversuche.

Oft standen die Projekte unter starkem Kostendruck. Dann musste ich aus möglichst wenigen und preiswerten Bauteilen möglichst interessante Versuche zaubern. Viel Arbeit ist in die Elektronik-Adventskalender geflossen, die Franzis zusammen mit Conrad gemacht hat. Die Idee war, dass hinter 24 Türchen ebenso viele Bauteile zum Vorschein kamen, mit denen dann 24 möglichst interessante Versuche durchgeführt werden sollten. Das erforderte viel Kreativität, weil nicht nur mit sehr wenigen Bauteilen gearbeitet wurde, sondern weil diese auch noch in eine sinnvolle Reihenfolge gebraucht werden mussten.

Manchmal steuerte alles auf einen besonderen Versuch zu, für den ein paar mehr Bauteile „gesammelt" werden mussten. Was mache ich in der Zwischenzeit mit diesen noch unvollständigen Bauteilen? Neue Versuche mussten her, oft auch solche, die von den üblichen Schaltungen abweichen. Die Schaltungen unterlagen dabei einem starken Selektionsdruck, und ich musste oft lange experimentieren, bis ich ein überzeugendes Ergebnis hatte. Und dabei bin ich manchmal auf Phänomene gestoßen, die ich zuerst selbst nicht einordnen konnte. Oft hat es recht lange gedauert, bis mir die Hintergründe klar waren. Und einige Dinge sind bis heute noch nicht völlig geklärt.

Ich möchte in diesem Buch die aus meiner Sicht ungewöhnlichsten und seltsamsten Effekte und Schaltungen der Elektronik zusammenfassen. Das Ziel ist es, Ihre Neugier zu wecken und Ihren Forschergeist anzustacheln. Bauen Sie die Versuche einmal nach und untersuchen Sie die beschriebenen Effekte. Vielleicht gelingt Ihnen ja hier oder da der entscheidende Durchbruch, der dann wieder zu neuen Ideen führt.

Bleiben Sie neugierig!

Ihr Burkhard Kainka

INHALT

1 Dielektrische Absorption 1
   1.1 Temperaturkoeffizient und Sondereffekte 1
   1.2 Leckstrom keramischer Kondensatoren 3
   1.3 Messung der Kondensator-Nachladespannung 7
   1.4 Der Auslauf-Blinker 10
2 Piezoelektrische Effekte 16
   2.1 Piezoscheiben polarisieren 16
   2.2 LED-Lichtblitze mit einem Piezowandler 19
   2.3 Der Piezo-Bewegungsmelder 20
   2.4 Der Piezo-Sender 23
   2.5 Das Zucker-Mikrofon 25
3 Ungewöhnliche Fotoeffekte 29
   3.1 Lichtempfindliche Si-Dioden 30
   3.2 LEDs als Lichtsensoren 32
   3.3 Der selbstladende LED-Blitzer 35
   3.4 EF80 als Fotozelle 39
   3.5 Glimmlampe als Fotozelle 42
4 PN-Sperrschichten und Durchbrüche 45
   4.1 NPN-Kippschwingungen 46
   4.2 Aufbau eines LED-Blitzers 54
   4.3 Multi-LED-Blitzer 55
   4.4 Der Avalanche-Transistor 58
   4.5 Dioden-Rauschen 62
5 Leuchtende Halbleiter 65
   5.1 Milli-Lux messen 65
   5.2 Messung an einer Silizium-LED 70
   5.3 Si-Halbleiter als LED 76
   5.4 Leuchtender Transistor 77
   5.5 Lichtmessung an einem BC140 79
   5.6 Erster Durchbruch einer LED 83
   5.7 Messung am geschlossenen Transistor 85
6 Messung ionisierender Strahlung 86
   6.1 Strahlungsmessung mit BPW34 86
   6.2 Strahlungsmessung mit der Webcam 89
   6.3 Alphastrahlung mit BC140 und BUZ45 messen 93
   6.4 Eigenbau-Zählrohr 96
   6.5 Ionisationskammern 100

7 Hautwiderstand und Hautkapazität 105
   7.1 Messung der Hautimpedanz 105
   7.2 Der Finger-Kondensator 112
   7.3 Die Zweifinger-Orgel 115
   7.4 Berührungssensoren 117
8 Laufzeit-Oszillatoren 121
   8.1 Der Ring-Oszillator 121
   8.2 Der Dreiphasen-Blinker 124
   8.3 Analoges Lauflicht mit neun LEDs 125
   8.4 Laufzeitoszillator mit Röhren 128
9 Ladungs- und Informationsspeicher 135
   9.1 Der Zauberstab 135
   9.2 Ein FET als statisches RAM 136
   9.3 Das merkfähige RS-Flipflop 138
   9.4 Datenerhalt in einem ATtiny85 140

1 Dielektrische Absorption

Zum ersten Mal habe ich von diesem seltsamen Verhalten eines Kondensators erfahren, als ich einen Freund in seiner Arbeitsstätte besuchte. Er arbeitete als Sendetechniker auf einem Fernsehturm und musste die Sender in Betrieb halten. Auf dem Flur stand ein ausgetauschter Kondensator aus dem Netzteil der Sendeendstufe. Er hatte 10 µF und konnte 10 kV vertragen. Es handelte sich um einen Metall-Papier-Kondensator in der Form und Größe eines Benzinkanisters. Die beiden keramischen Durchführungen mit Schraubanschlüssen waren mit einem Kurzschlussbügel verbunden. Und mein Freund erklärte mir, dass solche Kondensatoren dazu neigen, sich von allein wieder so weit aufzuladen, dass sie richtig gefährlich werden können. Der Kurzschluss sollte das verhindern. Ich konnte mir damals keinen Reim darauf machen, warum ein Kondensator sich selbst aufladen sollte.

Der nächste Berührungspunkt mit dem Phänomen kam aus dem HiFi-Bereich. Ein kleiner Elektronik-Laden hatte sich darauf spezialisiert und vertrieb spezielle Kondensatoren mit Zinnfolien, die besonders geringe Verzerrungen haben sollten. Warum soll ein Kondensator denn überhaupt Verzerrungen verursachen? Das war auch ein Thema bei Elektor. Elkos im Signalweg sind ganz schlecht, und keramische Kondensatoren auch. Ihre Kapazität ändert sich mit der angelegten Spannung. Klar, dass dabei Verzerrungen entstehen. Aber dann sollte es da noch etwas anderes geben, so eine Art Gedächtnis des Kondensators. Das genaue Verhalten hängt immer auch davon ab, wie er vorher geladen war. Aber HiFi war nicht so mein Ding, deshalb habe ich mich nicht näher damit befasst.

1.1 Temperaturkoeffizient und Sondereffekte

Der nächste Berührungspunkt mit dem Thema war der Adventskalender 2013. Es ging im Schwerpunkt um Sensoren. Und weil ich wie immer sparsam mit den Bauteilen umgehen musste, habe ich einen keramischen Kondensator mit 100 nF als Temperatursensor missbraucht. Das hatte ich schon in andern Zusammenhängen so gemacht, z.B. mit einem Rechteckgenerator aus dem Timer NE555 und einem keramischen Kondensator. Die Frequenz steigt dann mit der Temperatur, und man kann ein brauchbares Thermometer daraus entwickeln.

Diesmal hatte ich aber nur bipolare Transistoren zur Verfügung. Wenn der Kondensator erwärmt wird, verringert sich seine Kapazität. Bei konstanter Ladung bedeutet das, dass die Spannung steigt. Man muss also nur die Spannung beobachten, um Temperaturänderungen zu sehen.

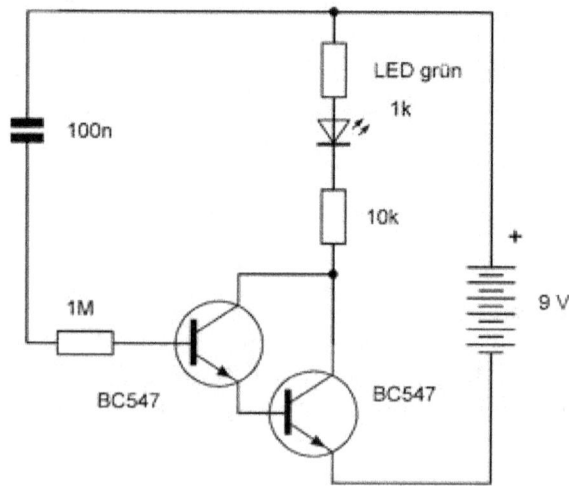

Mit einer Darlingtonschaltung konnte ich zwar einen sehr hochohmigen Eingang erzeugen, aber trotzdem brauchte ich eigentlich einen sehr hochohmigen Basiswiderstand. Diese Rolle hat dann der Kondensator mit übernommen, was ich zuerst gar nicht verstanden habe. Nach dem Einschalten fließt wie erwartet zuerst ein großer Ladestrom, der dann exponentiell abnimmt. Aber dann folgt eine Phase, in der weiterhin ein kleiner Strom fließt, der sehr viel langsamer abnimmt. Ist das vielleicht so eine Art Leckstrom?

Später habe ich dann herausgefunden, dass es mit der dielektrischen Absorption zusammenhängt. Für die Nutzer des Kalenders habe ich es so beschrieben:

„Der Kondensator soll nun gegen den Pluspol der Batterie angeschlossen werden. Er lädt sich über den Widerstand von 1 MΩ auf und liefert in dieser Zeit den Steuerstrom für die Darlington-Schaltung. Die LED leuchtet für einige Sekunden mit voller Helligkeit und wird dann schwächer. Danach leuchtet sie eine bis zwei Minuten lang mit geringer aber annähernd konstanter Helligkeit weiter.

Zusätzlich ist der Kondensator ein wirksamer Temperatursensor. Bei einer leichten Berührung mit dem Finger erwärmt er sich. Dabei wird die LED dunkler. Nehmen Sie den Finger weg, dann kühlt der Kondensator ab und die LED wird wieder heller. Eine Änderung ist sogar erkennbar, wenn Sie Ihren Finger einige Millimeter entfernt neben den Kondensator halten. Die Wärmestrahlung reicht dann für eine minimale Temperaturänderung.

Dieses Verhalten ist typisch für manche keramischen Kondensatoren und hängt von dem verwendeten Werkstoff ab. Mit steigender Temperatur wird die Kapazität geringer. Bei gleicher Ladung steigt dabei die Kondensatorspannung, was in dieser Schaltung dazu führt, dass der Basisstrom geringer wird. Der Versuch zeigt anschaulich die Arbeitsweise eines Infrarot-Bewegungsmelders, bei dem die gleichen Vorgänge ablaufen und mit einem noch besseren Verstärker ausgewertet werden. Zusätzlich verhält sich der Kondensator ähnlich wie ein extrem großer Widerstand. Tatsächlich liegt dies an einem komplexen Vorgang im Inneren des Kondensators, der dielektrischen Remanenz. Wenn die LED nach einigen Minuten zu schwach leuchtet, können Sie den Kondensator herausnehmen und anders herum wieder einbauen. Damit beginnt alles von vorn."

Für einen Bericht im Labortagebuch auf meiner Homepage Elektronik-Labor.de habe ich es dann genauer untersucht und dazu auch die Datenblätter der Hersteller durchforstet:

1.2 Leckstrom keramischer Kondensatoren

Beim Arbeiten mit ganz normalen 100-nF-Scheibenkondensatoren ist mir schon oft der große Temperaturkoeffizient aufgefallen. Und kürzlich eine zweite Eigenschaft: Eine geringe aber reproduzierbare Leitfähigkeit. Auf der Suche bin ich auf ein Datenblatt von AVX (Y5V Dielectric General Specifications) gestoßen. Da sieht man, dass die Kapazität bei 10 Grad am höchsten ist. Darüber nimmt sie mit ca. 1 % pro Grad ab.

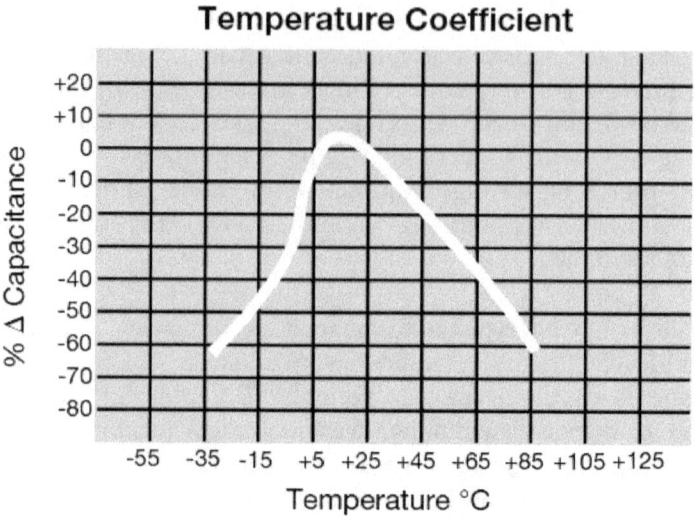

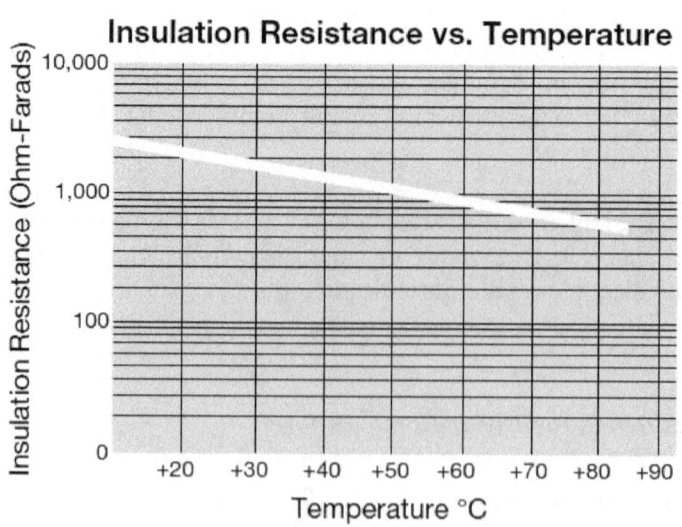

Der Isolationswiderstand ist weit weniger temperaturabhängig und beträgt bei Zimmertemperatur etwa 2 kΩ bezogen auf 1 F. Unabhängig von der Kapazität ergibt sich damit theoretisch eine Zeitkonstante T = RC von 2000 s. Für einen 100-nF-Kondensator bedeutet das 20 GΩ. An 9 V würde ein Leckstrom von 0,45 nA fließen. Das ist nicht leicht zu messen. Ich habe mir daher eine Hilfsschaltung aus zwei Kondensatoren gebaut. 100 nF hat das Messobjekt, 470 nF ein Folienkondensator, der praktisch unendlichen Widerstand hat. Der kleine Kondensator lädt den großen langsam auf. Bei einem Ladestrom von 0,45 nA und einer Kapazität von insgesamt 570 nF kommt man auf eine Spannungsänderung von etwa 100 mV in zwei Minuten. Die Messung mit dem Oszilloskop und hochohmigen Tastkopf ergibt einen Impuls, dessen Spitze die erreichte Ladespannung zeigt.

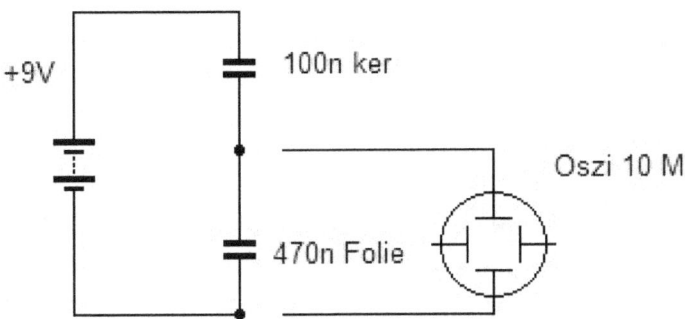

Ergebnis: Kurz nach dem Einschalten und vollständigen Aufladen (470 nF kurzgeschlossen) komme ich tatsächlich auf ca. 100 mV nach zwei Minuten. Aber nach einiger Zeit steigt die Spannung praktisch nicht mehr an. Nochmal ins Datenblatt geschaut, da steht noch etwas zu den Randbedingungen für den garantierten Isolationswiderstand.

Insulation Resistance 10,000MΩ or 500MΩ - µF, whichever is less
Charge device with rated voltage for 120 ± 5 secs @ room temp/humidity

Also nochmal mit höherer Spannung gemessen, 40 V war gerade da. Das gleiche Ergebnis. Am Anfang fließt ungefähr der erwartete Leckstrom, aber nach ein paar Minuten nimmt er fast auf Null ab. Das erinnert mich an das Verhalten eines Elkos: Am Anfang ist der Leckstrom groß, aber längerem Betrieb geht er fast auf Null zurück. Auch in dem keramischen Kondensator könnte eine Art Polarisierungseffekt stattfinden. Also Kondensator umgepolt, neu aufgeladen, neue Messung. Und tatsächlich, wieder fließt am Anfang der erwartete Leckstrom, nach wenigen Minuten fast nichts mehr.

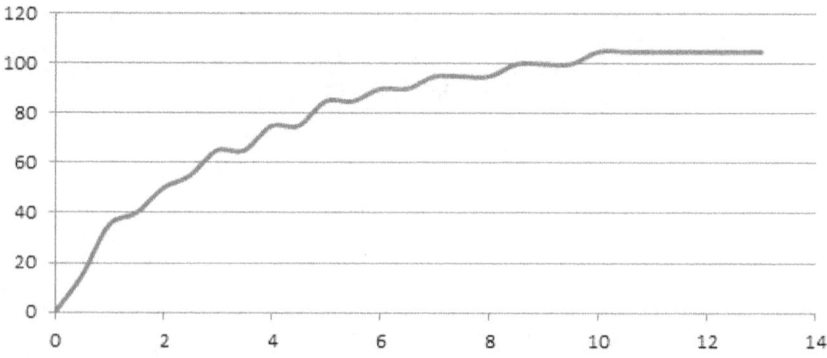

Das Ganze noch mal mit einem AVR-Controller bei einer Ladespannung von 9 V genauer nachgemessen und als Diagramm dargestellt zeigt, wie die Spannung am unteren Kondensator in zehn Minuten auf 100 mV steigt. Vor der Messung wurde der keramische Kondensator umgepolt. Man sieht deutlich wie der Leckstrom immer weiter abnimmt und nach zehn Minuten nicht mehr nachweisbar ist. Nur ganz am Anfang ist er so groß wie oben berechnet. Die Zeitkonstante liegt eher bei 200 s als bei 2000 s. Deshalb schlage ich das folgende Ersatzschaltbild für den Kondensator vor:

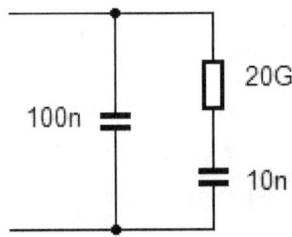

Meine Vermutung war nun, es könnte etwas mit der Feuchtigkeit zu tun haben, die ja auch im Datenblatt erwähnt wird. Der keramische Werkstoff nimmt etwas Wasser auf, das dann für den Leckstrom und den Polarisierungseffekt verantwortlich ist. Nach ein paar Minuten haben sich dann wohl alle Ionen so verschoben, dass kein weiterer Strom mehr fließt. Was die Vermutung stützt ist eine Vorschrift beim SMD-Löten: Die Bauteile müssen definiert vorgeheizt und damit getrocknet werden, sonst platzen die Vielschichtkondensatoren beim Löten wegen der vorhandenen Restfeuchte auf.

Des Rätsels Lösung: Dielektrische Absorption

Später habe ich meine Messung mit Roger Leifert besprochen. Er sagte spontan: Der Effekt ist bekannt und nennt sich dielektrische Absorption. Genaueres dazu findet man in Wikipedia: Es geht um Verluste im Wechselstromkreis und um das Nachladen nach einer Entladung. Interessant ist, dass ich nicht über die Nachladespannung auf das Phänomen gestoßen bin sondern über den Leckstrom, der am Anfang relativ konstant und reproduzierbar ist.

1.3 Messung der Kondensator-Nachladespannung

Die dielektrische Absorption zeigt sich auch in einem Nachlade-Effekt. Wird ein Kondensator aufgeladen und dann entladen, dann lädt er sich nach einiger Zeit wieder etwas auf. Das wollte ich mit den keramischen Scheibenkondensatoren genauer untersuchen. Die

Untersuchung wurde mit einem Mikrocontroller ATtiny13 durchgeführt, weil der analoge Eingang sehr viel hochohmiger ist als alle vorhandenen Messgeräte.

Zur Messung diente das folgende kleine Programm. Der Kondensator wird zwischen GND und B3 des Tiny13 angeschlossen. Weil ich immer nur eine Sekunde warten wollte war der Effekt gering. Der Messwert lautete meist 10, d.h. der Kondensator war nach einer Sekunde wieder auf 50 mV aufgeladen.

```
$regfile = "attiny13.dat"
$crystal = 1200000
$hwstack = 8
$swstack = 4
$framesize = 4
Dim D As Integer
Config Adc = Single , Prescaler = Auto
Start Adc
Open "comb.1:9600,8,n,1,inverted" For Output As #1
```

```
Do
  Portb.3 = 1           'Aufladen
  Ddrb.3 = 1
  Wait 1                '1 s
  Portb.3 = 0           'Entladen
  Wait 1                '1 s
  Ddrb.3 = 0            'High Z
  Wait 1                '1 s
  D = Getadc(3)         'Messen
  Print #1 , D

  Waitms 500
Loop

End
```

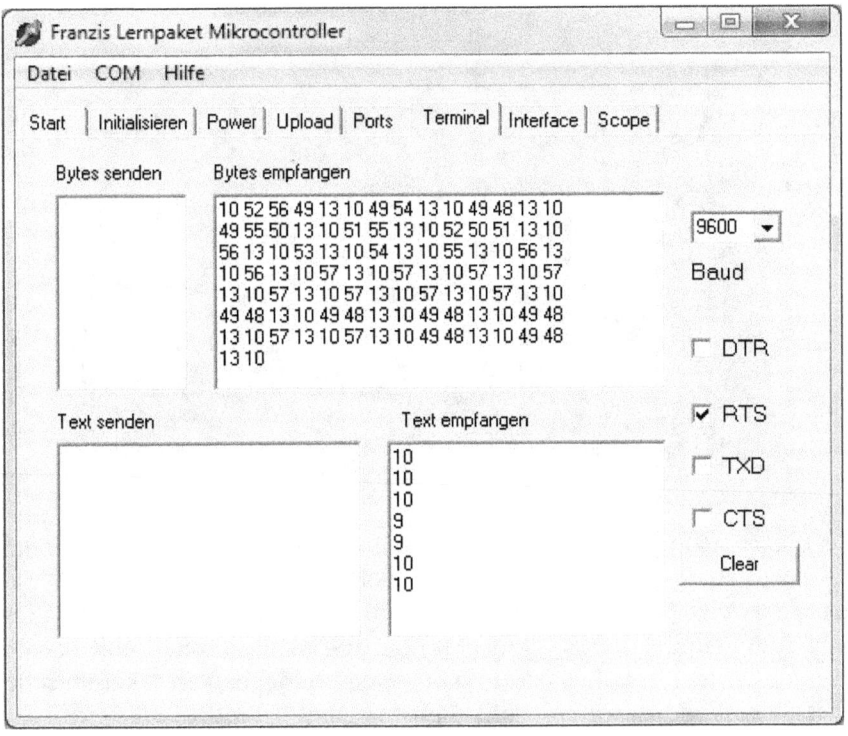

Und dann folgte noch ein Test, ob dieser Effekt irgendwas mit Feuchtigkeit zu tun hat. Der Kondensator wurde dazu in feuchtes Papier gehüllt. Ergebnis: keine Änderung. Die ursprüngliche Vermutung, dass der Effekt etwas mit Wasser zu tun hat war also falsch. Richtig ist wohl die Erklärung, die man in Wikipedia lesen kann: Die Dipole im keramischen Material brauchen einfach etwas Zeit bis sie sich passend gedreht haben.

1.4 Der Auslauf-Blinker

Eine ganz andere Anwendung des Effekts ergab sich im Lernpaket Grundschaltungen der Elektronik. Weil in diesem Paket eine Platine mit fest eingelöteten Bauteilen und Jumper-Verbindungen verwendet wird, ergaben sich ganz andere Strategien des Experimentierens.

Bei dieser Aufbautechnik ist schnell mal ein Jumper entfernt oder anders gesteckt. Und dabei entstehen auch Schaltungen, denen man normalerweise keine Chance gegebene hätte. Dabei habe ich diese Schaltung ganz zufällig entdeckt. Sie funktioniert nicht mit idealen Kondensatoren, wohl aber mit den eingebauten keramischen Vielschichtkondensatoren mit ausreichend großer dielektrischer Absorption.

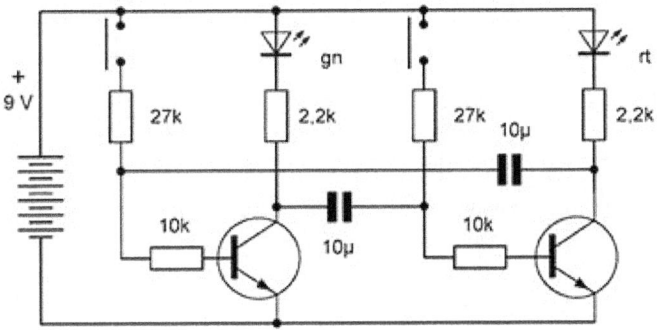

Abschaltung der Basiswiderstände

Diese Blinkschaltung arbeitet mit abschaltbaren Basiswiderständen. Um den Blinker zu starten, muss man beide Jumper an den 27-kΩ-Widerständen aufstecken. Die Schaltung entspricht dann einem üblichen Wechselblinker. Wenn man beide Jumper entfernt, wird das Blinken immer schwächer und immer langsamer. Man kann sich vorstellen, dass jemand mit einem Zug abreist und aus dem Fenster winkt, bis er langsam in der Ferne verschwindet.

Eigentlich dürfte diese Schaltung gar nicht funktionieren. Denn ohne die Ladewiderstände dürfte die Basisspannung nicht mehr so weit ansteigen, dass der Transistor wieder in den leitenden Zustand kippt. Und mit idealen Kondensatoren würde sie auch nicht funktionieren. Aber die verwendeten keramischen Kondensatoren haben den schon beobachteten Nachlade-Effekt. Auch nach längerer Zeit streben sie immer noch etwas in Richtung des vorangegangenen Ladezustands. Das wirkt effektiv wie ein langsam abnehmender Isolations-Fehlerstrom, der den Blinker bis zu eine Minute nach dem Abschalten noch langsam weiter laufen lässt. Ähnliche Eigenschaften haben auch Elektrolytkondensatoren, mit denen die Schaltung auch funktioniert.

Statt der beiden Start-Jumper reicht auch eine Berührung der Kontakte um den Blinker wieder neu zu starten oder wieder etwas heller und schneller zu stellen. Der Hautwiderstand in der Größenordnung von 1 MΩ bildet dann die Basiswiderstände.

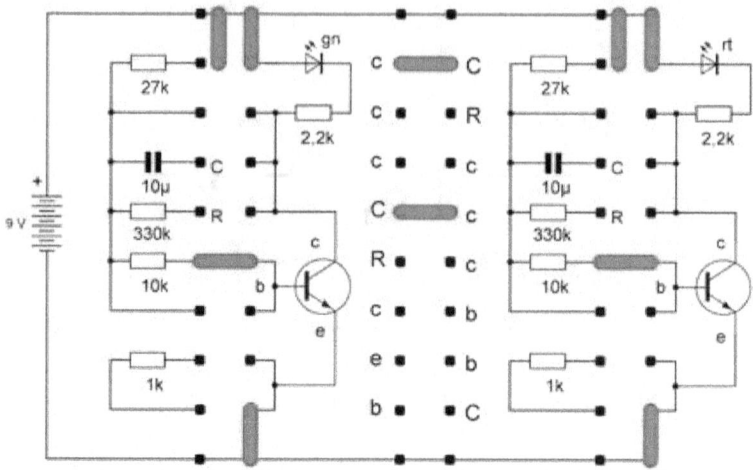

In etwas veränderter Form habe ich die Schaltung unter der Überschrift „Der Auslauf-Blinker" in der Bastelecke noch einmal aufgegriffen und diesmal mit Elkos gebaut.

Diesmal wollte ich es statt der keramischen Kondensatoren mit Aluminium-Elkos versuchen. Außerdem sollte der Blinker mit einem einzelnen Schaltkontakt gestartet werden. Deshalb musste ich noch zwei Dioden einfügen. Und was die Antenne dabei zu tun hat, steht weiter unten.

Die einfache Schaltung habe ich freitragend auf eine alte Batterie gelötet, die ihre treuen Dienste in einem Rauchmelder schon hinter sich hatte. Das ist ohne Hauptschalter möglich, weil die Stromaufnahme schon nach zehn Minuten unter 5 µA sinkt.

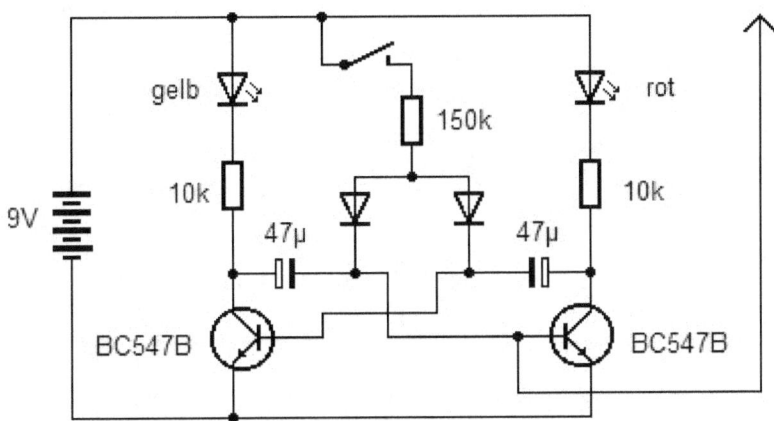

Man schließt also den Schalter und hat dann einen ganz normalen Wechselblinker. Es fällt nur auf, dass die LEDs zwar plötzlich angehen, aber nur verlangsamt ausgehen. Das liegt daran, dass über die gerade abgeschaltete LED noch der Ladestrom des Elkos fließt.

Wenn man den Taster loslässt, sollte der Blinker eigentlich seine Arbeit einstellen, weil dann der Basis-Ladestrom abgeschaltet ist. Tut er aber nicht, sondern der Zustand wechselt noch einige Male in immer größeren Zeitabständen. Gleichzeitig werden sie LEDs immer schwächer. Dass es überhaupt noch weiter geht, liegt an der dielektrischen Absorption in den Kondensatoren.

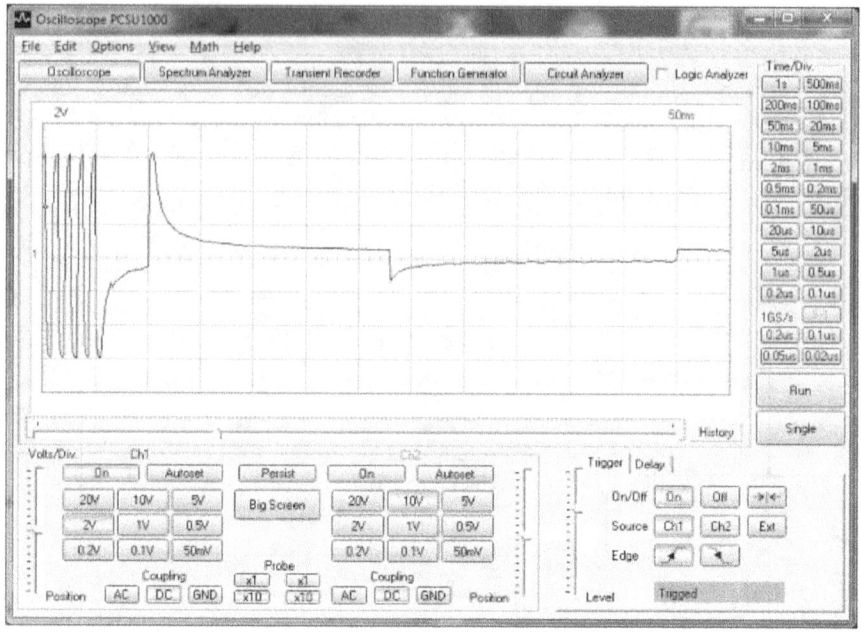

Für diese Messung habe ich zwei keramische Kondensatoren mit 100 nF eingebaut, damit alles etwas schneller läuft. Die Spannung wurde zwischen den beiden Kollektoren gemessen. Man sieht sehr schön, die das Blinken langsamer und schwächer wird. Und immer wenn die Schaltung kurz davor steht, in den anderen Zustand zu kippen, reagiert sie sehr empfindlich auf äußere Einflüsse, deshalb die Antenne.

Man kann den Zustand nämlich mit einem Piezo-Feuerzeug umschalten. Jedes Zünden bringt einen elektromagnetischen Impuls, der die LEDs aus einer Entfernung von einigen Zentimetern umschalten kann, wenn er zum richtigen Zeitpunkt kommt. Und auch mit statischen Ladungen lässt sich der Zustand ändern. Es hängt etwas von der Art des Bodenbelags und von den Schuhen ab. In meinem Labor reicht es, wenn ich einen Fuß anhebe und dann die Antenne berühre. Fuß hoch - gelb, Fuß runter - rot, und immer so weiter. Ich muss nur lange genug warten, bis der Blinker seine volle Empfindlichkeit erreicht hat.

2 Piezoelektrische Effekte

Piezokristalle und piezoelektrische Schallwandler findet man heute überall. Manche sind für hohe Spannungen ausgelegt, wie die Piezowandler in Feuerzeugen. Andere sind als kleine Lautsprecher konzipiert, wieder andere für Ultraschallwandler oder als Mikrofon. Das Prinzip ist immer gleich: Eine mechanische Verformung verschiebt Ladungen, sodass an den äußeren Anschlüssen eine Spannung entsteht. Umgekehrt kann man eine Spannung anlegen und damit eine Verformung erreichen. Dasselbe Verhalten zeigen auch einige natürliche Kristalle wie z.B. Quarz. Aber auch ein ganz normaler keramischer Kondensator kann sich ähnlich verhalten. Deshalb beobachtet man manchmal einen Mikrofonie-Effekt an Kondensatoren. Manche keramischen Kondensatoren lassen sich elektrisch vorspannen und eignen sich dann als Erschütterungssensoren.

2.1 Piezoscheiben polarisieren

Wenn man auf eine Piezoscheibe drückt, entsteht eine negative Spannung, wenn man auf die Rückseite drückt, eine positive. Allerdings ist das nicht immer so. Bei einigen Scheiben habe ich die andere Polarität gefunden.

Die Piezokeramik an sich kann in jede von beiden Richtungen polarisiert werden. Es hängt also davon ab, was in der Produktion gelaufen ist. Im Netz habe ich interessante Details zur Produktion gefunden. Da wurde deutlich, dass für die Polarisierung einfach nur eine hohe Spannung angelegt wird.

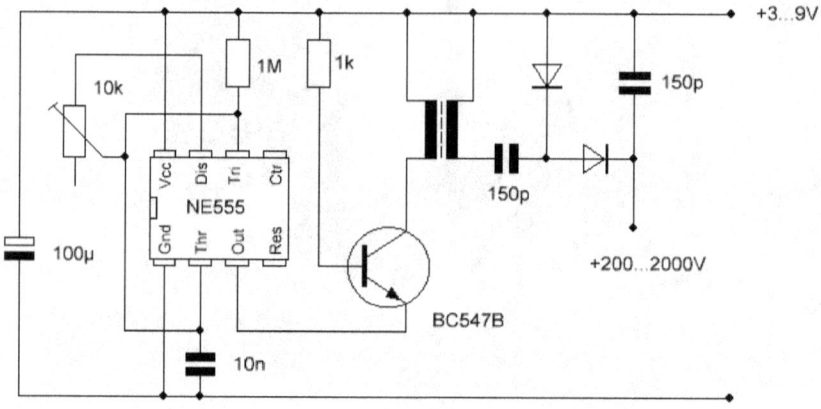

Für den Versuch habe ich einen Hochspannungsgenerator verwendet, den ich ursprünglich für einen Geigerzähler gebaut hatte. Die Hochspannung ist einstellbar, kann aber nicht direkt gemessen werden, weil die Quelle sehr hochohmig ist. Ich messe dann mit dem Oszilloskop die Impulshöhe am Kollektor des Transistors, die in einem festen Verhältnis zur Ausgangsspannung steht. Dabei sehe ich sehr schön die Aufladung eines Kondensators oder in diesem Fall der Piezoscheibe.

Die entscheidende Frage war: Kann ich die Polarität der Scheibe ändern? Dazu habe ich die positive Spannung an die Rückseite gelegt und Masse an der Silberschicht. Die Scheibe erzeugt ein Geräusch entsprechend der Arbeitsfrequenz des Spannungswandlers. Es ist zuerst laut und wird dann leiser, bis es ganz verschwindet. Vermutlich ist in dem Bereich die Scheibe gerade unpolarisiert. Dann kommt der Ton wieder und wird zunächst lauter, solange die Spannung noch steigt. Wenn aber die Umpolarisierung abgeschlossen ist und die maximale Spannung erreicht ist, verschwindet das Geräusch ganz, weil dann nur noch eine glatte Gleichspannung anliegt. Man sieht nun eine deutliche Durchbiegung der Scheibe, die sofort verschwindet, wenn man die Scheibe entlädt.

Die maximale Spannung liegt bei etwa 1500 V. Darüber kommt es zu Überschlägen am Rand der Metallisierung. Wenn man die Spannung nur langsam steigert, findet man manchmal Teilentladungen am Rand, die später wieder aufhören, vermutlich weil dann auch die Randbezirke der Scheibe mit Verzögerung umpolarisiert wurden.

Nach dieser Spezialbehandlung wurde die Scheibe wieder getestet. Ein mechanischer Druck erzeugt nun tatsächlich die gegenpolige Spannung. Ein Vergleich mit einer fabrikneuen Scheibe zeigt die gleiche Empfindlichkeit bei anderer Polung. Auch als Schallgeber sind beide gleich effektiv. Weitere Tests haben dann gezeigt, dass ich die Scheibe beliebig oft umpolarisieren kann.

2.2 LED-Lichtblitze mit einem Piezowandler

Diesen einfachen Versuch habe ich für einen Kinder-Adventskalender von Franzis entwickelt. Er zeigt sehr schön mit welchen Spannungen und Energien man rechnen kann, wenn eine Piezoscheibe als Generator eingesetzt wird. Interessant ist auch der zweiten Teil des Versuchs, der eine Aufladung bei jeder Temperaturänderung demonstriert. Das ist im Grunde der gleiche Effekt, der auch schon bei der Temperaturabhängigkeit eines keramischen Kondensators beobachtet wurde. Aber bei einer elektrisch vorgespannten Piezoscheibe kann man auf eine äußere Vorspannung verzichten. Für die Kinder habe ich den Versuch so beschrieben:

„Klopfe leicht auf die Piezo-Scheibe. Dabei entstehen schwache rote und grüne Lichtblitze. Achtung, du darfst nicht zu viel Kraft aufwenden, denn sonst könnte die Keramikscheibe zerbrechen.

Der Versuch hat gezeigt, dass der Piezo-Lautsprecher nicht nur elektrische Energie in Schall umwandeln kann sondern auch umgekehrt Schwingungen in elektrische Energie. Dasselbe Bauteil funktioniert als Lautsprecher, als Mikrofon und als elektrischer Generator. Man nennt es deshalb auch „piezoelektrischer Schallwandler".

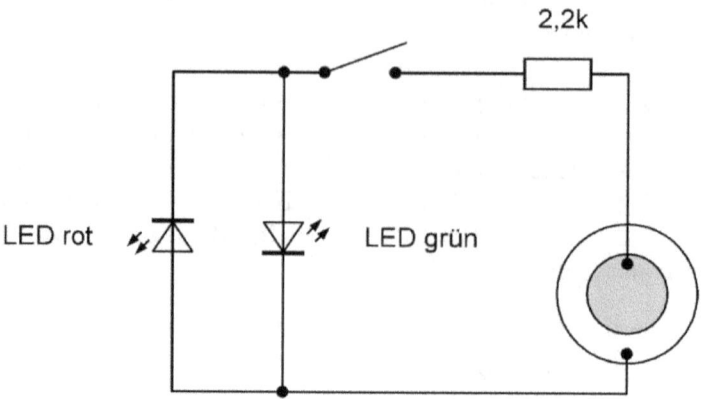

Eine Verformung durch Druck auf die Membran bewirkt eine Aufladung und erzeugt damit elektrische Energie. Aber das Gleiche erreicht auch eine Änderung der Temperatur. Das kannst du leicht ausprobieren. Öffne den Schalter und halte deinen warmen Finger für einige Sekunden an die Membran. Schließe dann den Kontakt. Es entsteht ein Knacken und ein Lichtblitz. Öffne dann den Kontakt und warte etwas länger, bis die Scheibe sich wieder abgekühlt hat. Ein neues Schließen des Kontakts erzeugt ein weiteres Knackgeräusch und einen zweiten Lichtblitz mit der andern Farbe."

2.3 Der Piezo-Bewegungsmelder

Auch dieser Versuch zu einem Infrarot-Bewegungsmelder wurde für den Kinderkalender entwickelt. Ein normaler passiver Infratormelder enthält ebenfalls einen Piezo-Kristall. Er liefert die Steuerspannung für einen Feldeffekttransistor. Einfallende Infrarotstrahlung führt zu geringen Temperaturänderungen des Kristalls, die dann eine Spannungsänderung bewirken und den Transistor aussteuern. Mit weniger Empfindlichkeit kann man das Prinzip mit einem normalen Piezo-Schallwandler und bipolaren Transistoren auch für Kinder zeigen:

„Der eigentliche Sensor ist die Piezoscheibe. Du weißt ja schon, dass sie bei einer Temperaturänderung eine elektrische Spannung erzeugt. Und das funktioniert auch ohne direkte Berührung, wenn man nur in die Nähe kommt. Noch besser geht es, wenn du die Silberschicht der Scheibe mit einem weichen Bleistift dunkel färbst. Deine warme Hand strahlt infrarote Wärmestrahlung ab. Wenn diese auf den geschwärzten Sensor trifft, erwärmt er sich etwas. Dabei entsteht nur eine sehr kleine elektrische Spannung. Deshalb braucht man einen guten Verstärker, der hier aus einer Darlington-Schaltung besteht. Zusätzlich wird ein sehr kleiner Basisstrom gebraucht, den die gelbe LED in Abhängigkeit von der Beleuchtung liefert.

Warte einige Zeit, bis sich eine gleichmäßige, schwache Helligkeit der roten und der grünen LED einstellt. Halte dann deine Hand in einem Anstand von ungefähr 5 cm über die Piezo-Scheibe. Nach einigen Sekunden ändert sich die Helligkeit der LEDs. Entferne die Hand wieder und beobachte die gegensätzliche Änderung der Helligkeit. Die beiden LEDs können also die Annäherung der Hand anzeigen. Allerdings kann man die Richtung der Änderung nicht voraussagen. Du kannst sie ändern, indem du beide Kabel des Piezo-Lautsprechers vertauschst. Die LEDs sollten heller leuchten, wenn du die Hand näher hältst. Damit hast du ein Nachtlicht mit Näherungssensor gebaut. Zusätzlich gibt es den Schalter 2 für Dauerlicht."

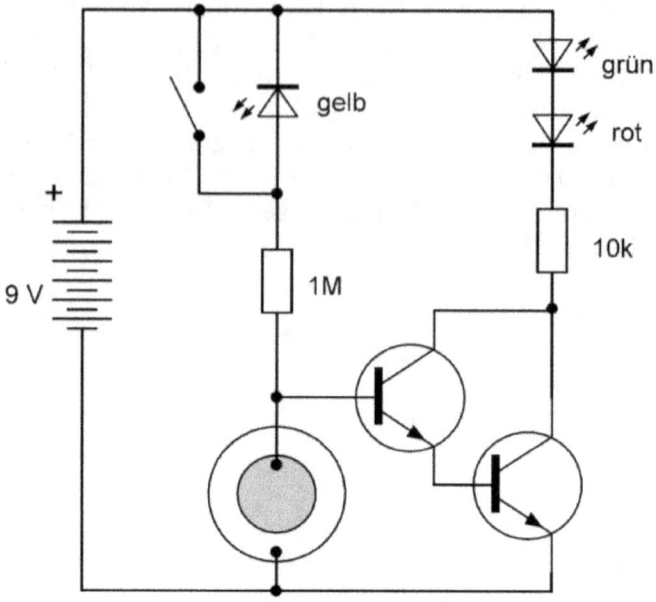

Was ich den Kindern in der Versuchsbeschreibung nicht genauer erläutern konnte, ist die Funktion der gelben LED in der Schaltung. Weil ich einen extrem hochohmigen Eingang des Verstärkers brauchte, habe ich eine Darlingtonschaltung mit geringem Ruhestrom eingesetzt. Die LEDs am Ausgang brauchen nur wenige Mikroampere, um gut sichtbar zu leuchten. Deshalb hätte ich gern einen Basiswiderstand mit vielen GΩ eingesetzt, der aber nicht bezahlbar wäre.

Die gelbe LED liefert in Sperrrichtung je nach Beleuchtung einen sehr kleinen Sperrstrom, sie arbeitet wie eine sehr kleine Fotodiode. Bei mittlerer Raumbeleuchtung kann man mit einem Strom in der Größenordnung von 10 nA rechnen. Bei einem Verstärkungsfaktor von 200 pro Transistor käme man damit auf einen Ruhestrom von 0,4 mA, der für die LEDs am Ausgang reicht.

Der bei einer Temperaturänderung von der Piezoscheibe gelieferte Verschiebungsstrom liegt in einer ähnlichen Größenordnung wie der Fotostrom der gelben LED. Und die Schaltung passt sich selbst an die gegebene Umgebungshelligkeit an.

Es gab übrigens ein Problem mit der Schaltung, weil sich die Eigenschaften der gelben LED geändert hatten. LEDs werden laufend verbessert, was ihre Lichtausbeute angeht. Dass man sie als Fotodiode einsetzt, haben die Hersteller nicht vorgesehen. Wer solche Dinge abseits der Datenblätter tut, darf sich später nicht beklagen, wenn es schief geht. In diesem Fall war der Sperrstrom neuerer LEDs größer geworden, auch schon ohne eine Beleuchtung. Das Problem konnte ich in einer Folgeauflage beheben, indem ich die gelbe LED nicht mehr in Sperrrichtung eingebaut habe, sondern als kleine Solarzelle. Sie liefert eine Spannung bis über 1,5 V, aber nur einen geringen Strom in der Größenordnung von 10 nA bei üblicher Raumbeleuchtung.

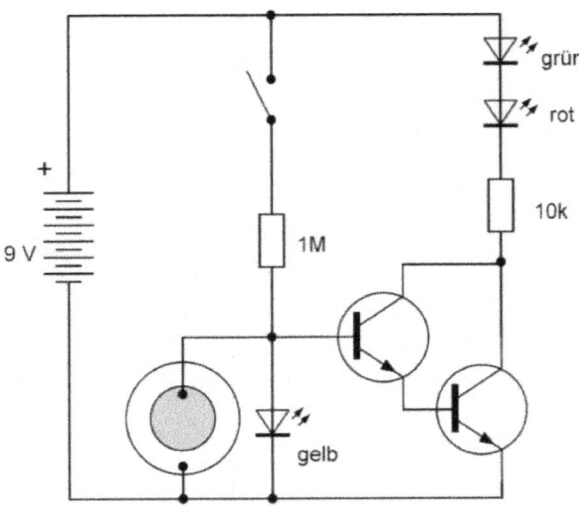

2.4 Der Piezo-Sender

Kann man mit einer Piezo-Scheibe genügend Energie erzeugen, um einen Sender zu betreiben? Dieser Versuch aus dem Elektronik-Labor sollte das zeigen.

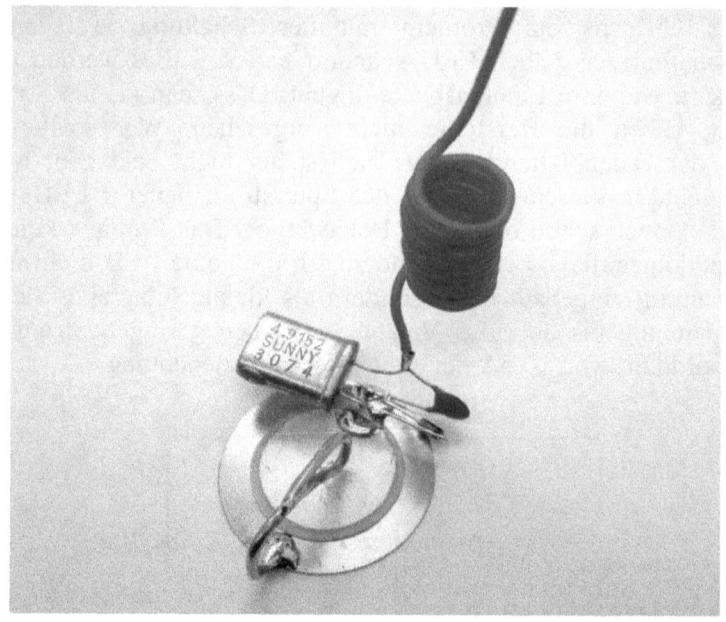

Man muss hier auf den Hebel drücken. Dabei verbiegt sich die Scheibe und erzeugt eine Spannung. Wenn aber der Hebel die Silberfläche berührt, wird die Piezo-Scheibe kurzgeschlossen. Es entsteht eine scharfe Schaltflanke, die den Quarz zu Eigenschwingungen anregen soll. In einem geeigneten Empfänger sollte man dann ein Pling oder Plop hören.

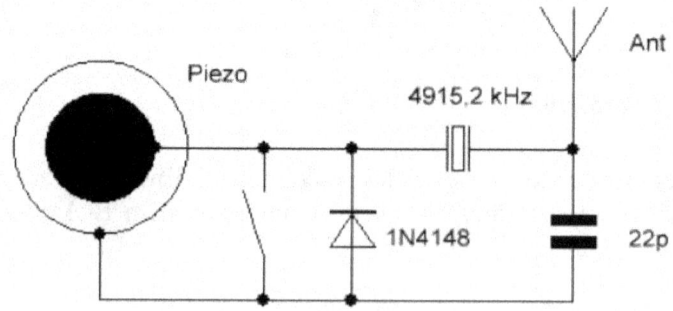

Zusätzlich zum Quarz und einem Kondensator mit 22 pF ist noch eine Diode eingebaut. Wenn nämlich die Scheibe entladen wurde, würde sie sich beim Entspannen des Hebelns in Gegenrichtung aufladen. Bei der nächsten Betätigung würde man dann nur gerade wieder null Volt erreichen. So aber wird die ungewollte Auflagung verhindert. Mit dem Oszilloskop habe ich zuerst untersucht, in welche Richtung sich die Scheibe bei einer Betätigung auflädt. In diesem Fall wurde eine positive Spannung erzeugt. Daraus ergab sich dann die Einbaurichtung der Diode. Man kann also beliebig oft auf den Hebel drücken und weitere Impulse erzeugen. Übrigens hört man in dem Moment ein leises Klicken der Piezoscheibe, weil sie sich mit der Entladung plötzlich etwas entspannt.

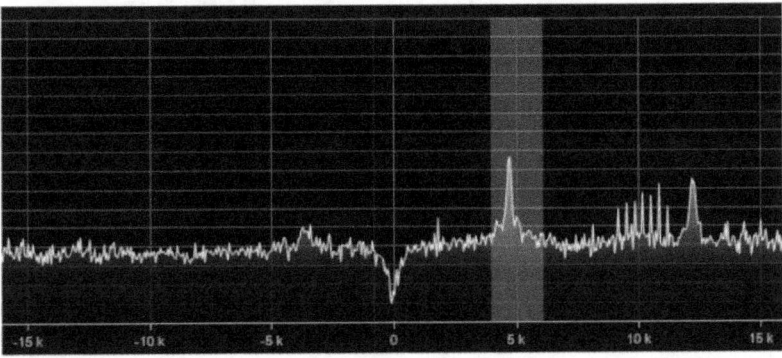

Als Empfänger habe ich das Elektor SDR-Shield eingesetzt. In der Betriebsart CW habe ich entsprechend der Quarzfrequenz bei 4915 kHz auf ein Signal gelauscht. Und tatsächlich, ein paar Hz tiefer ist ein Signal zu empfangen. Es hört sich an wie ein Plop. Ich kann beliebig oft auf den Hebel drücken und erhalte ganz zuverlässig gleichartige Signale. Aber leider ist die Sendeleistung sehr bescheiden. Man muss schon ganz nah an den Empfänger-Eingang rücken, um etwas zu empfangen. Rechts neben der Frequenz sieht man übrigens noch Signale, die nicht vom Piezo-Sender sondern aus anderer Quelle stammen.

2.5 Das Zucker-Mikrofon

Zuckerkristalle reagieren ähnlich wie Quarz. Wenn man eine Kraft auf sie ausübt, laden sie sich elektrisch auf. Zerbrechende Kristalle erzeugen besonders starke elektrische Impulse. Daraus kann man ein einfaches Mikrofon bauen.

Phänomene der Elektronik

Video: https://youtu.be/nT958o8dbiw

Die Zuckerkörnchen liegen zwischen zwei Blechen. Wenn man auf das obere Blech drückt, kann man Körnchen zerbrechen, die dann hörbar werden.

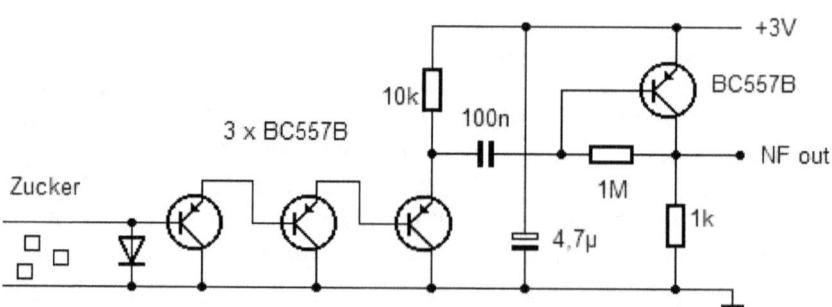

Der Mikrofonverstärker muss einen extrem hochohmigen Eingang haben. Deshalb wurde hier eine dreifache Darlingtonschaltung verwendet. Die Diode am Eingang sorgt mit ihrem Sperrstrom für den passenden Arbeitspunkt. Eine folgende Verstärkerstufe in Emitterschaltung hebt die Signale so weit an, dass es für eine Aktivbox reicht. Man hört Klopfgeräusche und ein dumpfes Krachen, wenn Kristalle zerbrechen.

Zuckerkristalle sind meist regelmäßig geformt und haben parallele gegenüberliegende Flächen. Die regelmäßige Anordnung der Moleküle sorgt für eine Ladungsverschiebung, wenn Druck ausgeübt wird. Beim Zerbrechen eines Kristalls kann eine so hohe Spannung entstehen, dass ein Entladungsleuchten sichtbar wird.

Um das Leuchten der Zuckerkristalle zu sehen, kann man sie mit der Klinge eines Schraubendrehers von innen gegen die Wand eines Glases drücken. Es muss allerdings absolut dunkel sein. Und man muss sich etwa zehn Minuten lang an die Dunkelheit gewöhnt haben. Dann ist ein schönes bläuliches Licht zu sehen, immer wenn ein Körnchen zerbricht.

3 Ungewöhnliche Fotoeffekte

Jede Halbleitdiode ist im Prinzip auch eine Fotodiode. Und jeder Transistor ist auch Fototransistor, wenn Licht in seine Sperrschichten dringen kann. Um das zu verhindern, waren frühe Germaniumtransistoren im Glaskolben schwarz lackiert. Man brauchte aber nur den Lack abkratzen, und schon hatte man einen brauchbaren Fototransistor.

Etwas modernere Germaniumtransistoren im Metallgehäuse, aber auch Silizium-Transistoren wie den BC107 konnte man ganz leicht zu einem Fototransistor machen, indem man das Metallgehäuse öffnete. Das habe ich einmal für eine Art Optokoppler verwendet, um einen normalen Taschenrechner als Zähler einzusetzen. Der Fototransistor war parallel zur Plus-Taste geschaltet. Ein Geigerzähler lieferte Lichtimpulse, die dann den Taschenrechner als Langzeitzähler ansteuern konnten.

Wenn ein Photon auf eine Metalloberfläche trifft, kann es ein Elektron auslösen. Das ist der Fotoeffekt. Dasselbe passiert in einem Halbleiterkristall. Je nach Material ist eine bestimmte Mindestenergie des Photons nötig. In Silizium reicht bereits Infrarotlicht, um einen Strom fließen zu lassen. Nach oben ist keine Grenze gesetzt, es funktioniert also auch bei wesentlich größeren Energien und kleineren Wellenlängen. Deshalb ist eine Silizium-Diode auch empfindlich für Röntgen- und Gammastrahlen. Das ermöglicht den Bau einfacher Strahlungsdetektoren.

Der Unterschied zwischen einer Gleichrichterdiode und einer Fotodiode ist eigentlich nur, dass bei der Fotodiode die Sperrschicht offen liegt und vom Licht erreicht werden kann. Aber bei manchen Dioden und manchen Transistoren gelingt es trotzdem, etwas Licht hineinzulassen.

Auch eine LED kann als Fotodiode arbeiten. Wenn Licht heraustreten kann, kann auch Licht eindringen. Allerdings ist die Sperrschichtfläche wesentlich kleiner als bei einer Fotodiode, und deshalb ist auch die Empfindlichkeit geringer. Und außerdem braucht man eine kürzere Wellenlänge der Strahlung. Eine gelbe LED braucht mindestens gelbes Licht, um als Fotodiode zu funktionieren. Rot reicht nicht, aber Grün und Blau funktioniert.

Gleichrichterdioden, Fotodioden und Leuchtdioden sind ganz ähnlich aufgebaut und besitzen grundsätzlich eine PN-Sperrschicht. Daraus ergibt sich die Frage, ob nicht jede Diode sowohl Licht detektieren als auch Licht erzeugen kann. Rund um diese Phänomene ergeben sich zahlreiche interessante Experimente.

3.1 Lichtempfindliche Si-Dioden

Die Frage war, ob eine ganz normale Si-Diode 1N4148 auch als Fotodiode funktioniert. Immerhin ist sie ja aus Glas, und etwas Licht könnte in die Sperrschicht gelangen. Wenn man ein Multimeter dranhält, ist normalerweise nichts festzustellen. Man muss sehr viel hochohmiger messen.

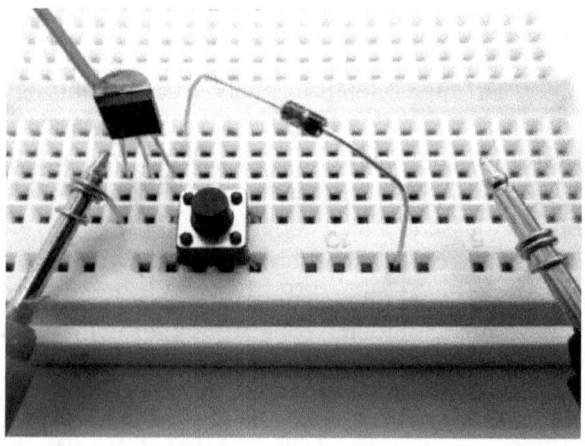

Für einen schnellen Versuch nehme ich einfach einen JFET als Source-Folger. Ein J113 war gerade da. Wenn ich sein Gate mit dem Taster an GND lege, messe ich 2,10 V. Bei offenem Schalter steigt die Spannung tatsächlich mit der Beleuchtung an. Mit einer hellen LED-Taschenlampe kommt man bis auf 2,13 V. Die Fotospannung der Diode beträgt also 30 mV. Wenn ich dasselbe mit einer grünen LED teste, komme ich auf bis zu 2 V. Die LED liefert also sehr viel mehr Spannung als eine echte Solarzelle, allerdings nur einen sehr geringen Strom in der Größenordnung 10 ... 100 nA. Bei der 1N4148 dürfte der Strom in der

Größenordnung 1 pA liegen, weshalb man normalerweise nichts davon bemerkt.

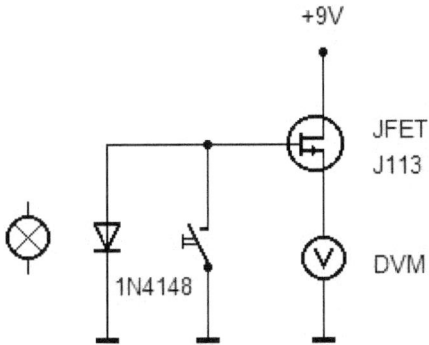

Zu diesem Versuch aus dem Labortagebuch schrieb mir Norbert Renz, dass er beim genau richtigem Winkel an einer Halogenlampe bis zu 120 mV messen konnte.

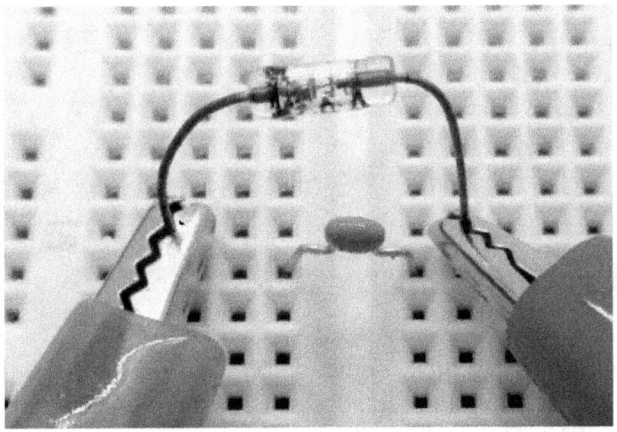

Noch besser geeignet sind Germanium-Spitzendioden, weil da der Kristall praktisch frei liegt. Das habe ich mit einer GE-Diode A119 getestet, diesmal einfach nur mit einem Digitalmultimeter. Ein paralleler Kondensator mit 100 nF sollte verhindern, dass ich auf Wechselfelder hereinfalle. Mit dem DVM mit einem Innenwiderstand von nur 1 MΩ konnte ich bis zu 4 mV bei indirektem Sonnenlicht messen, also einen

Strom von 4 nA. Mit einer Flamme funktioniert es auch. Allerdings wurde dabei ein zweiter Effekt deutlich: Wenn ein Anschlussdraht wärmer wird als der andere, hat man ein wirksames Peltierelement, dessen Thermospannung die Fotospannung übersteigt. Man erkennt es daran, dass die Spannung nach Entfernen der Flamme noch einige Sekunden stehen bleibt.

3.2 LEDs als Lichtsensoren

Eine LED kann bekanntlich nicht nur Licht erzeugen, sondern auch Licht erkennen. Sie arbeitet dann als Fotodiode. Sie bringt bei mittlerer Helligkeit nur sehr wenig Strom im Bereich weniger Nanoampere. Dafür liefert sie mit bis zu ca. 1,5 V eine größere Spannung als eine Si-Fotodiode.

Um die Funktion zu zeigen, eignet sich eine Darlington-Stufe und eine weitere LED. Der Versuch entspricht einer Schaltung aus dem Franzis Technik-Ei 2019. Die gelbe LED wird hier wie eine Fotozelle betrieben und erzeugt eine Spannung.

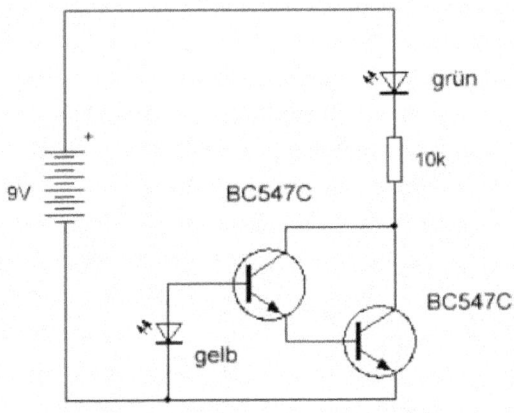

Die Bauteile wurden direkt auf einen Batterieclip gelötet, der aus einer alten 9-V-Batterie ausgebaut wurde. Wenn man die Batterie aufrecht stellt, schaut die gelbe LED als Lichtsensor horizontal in eine Richtung. Je mehr Licht sie erkennt, desto heller leuchtet die grüne LED. Dreht man den Aufbau, dann kann man die Helligkeit in jeder Richtung abtasten. Der Öffnungswinkel der transparenten LED ist nämlich sehr eng. Auf dem folgenden Foto, ist zu erkennen, dass die LED-Linse das gelbe Licht auf dem LED-Kristall fokussiert.

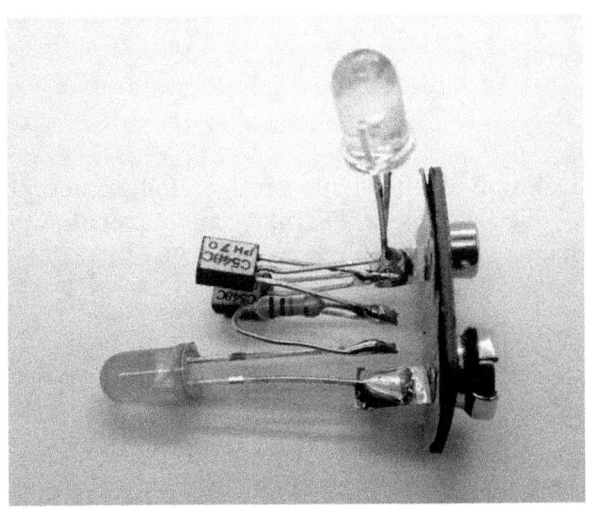

Auch grüne oder rote LEDs eigenen sich als Fotodioden. Allerdings haben sich gelbe LEDs in vielen Versuchen als die besten Fotodioden erwiesen.

Die Schaltung ist auch empfindlich für elektrische Felder. Jede Änderung der elektrischen Feldstärke führt zu einem Verschiebungsstrom, der ebenfalls stark verstärkt an der grünen LED sichtbar wird. Trägt man den Sensor in der Hand, wird jeder Schritt sichtbar, weil man sich dabei periodisch auflädt. Die gelbe LED sorgt für den passenden Ruhestrom. Ab besten funktioniert der Versuch bei geringer Helligkeit. Man sieht so, dass der Verschiebungsstrom in derselben Größenordnung liegt wie der Fotostrom.

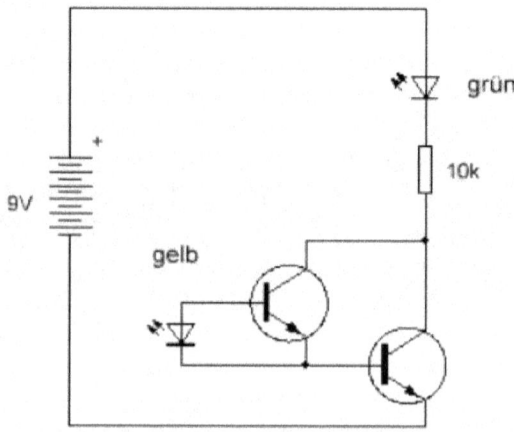

Man kann die Empfindlichkeit für geringe Helligkeiten noch steigern, indem man die Sensor-LED nur am ersten Transistor der Darlingtonschaltung anschließt.

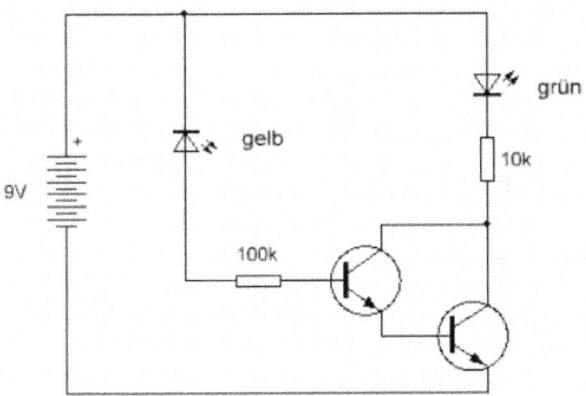

Noch größer wird die Empfindlichkeit, wenn man die Sensor-LED als Fotodiode in Sperrrichtung und mit größerer Sperrspannung betreibt. Dies war lange Zeit meine Standardschaltung für Versuche dieser Art. Es hat sich jedoch gezeigt, dass die neuesten LEDs mit noch besserem Wirkungsgrad oft einen größeren Sperrstrom haben. Dann reicht der Sperrstrom schon bei absoluter Dunkelheit für eine Aussteuerung des Darlingtontransistors aus. Die Schaltung eignet sich daher nur für etwas ältere LEDs, die einen äußerst geringen Sperrstrom haben.

3.3 Der selbstladende LED-Blitzer

Dieser Versuch zeigt, dass eine LED in einer sehr einfachen Schaltung ihre eigene Energie erzeugen kann. Eine grüne LED, zwei Widerstände mit 10 MΩ, zwei keramische Kondensatoren mit 100 nF und ein Tastschalter, das ist alles. Wenn man auf die Taste drückt, entsteht ein deutlich sichtbarer Lichtblitz. Danach muss man einige Zeit warten, bis die Schaltung bereit für einen neuen Blitz ist. Woher stammt die Energie? Auf den ersten Blick denkt man vielleicht, da ist irgendwo noch eine Batterie versteckt. Manch einer könnte auch denken, dass dies das lang gesuchte Perpetuum Mobile ist. Wieder andere könnten vermuten, dass die Schaltung freie Energie aus dem All anzapft. Aber es gibt eine bessere Erklärung.

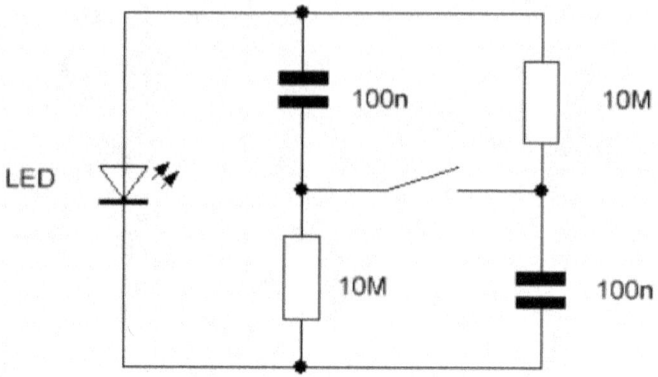

Jede LED ist zugleich auch eine Fotodiode und kann wie eine kleine Solarzelle eingesetzt werden. Die grüne LED liefert sogar eine Spannung bis zu 2 V, allerdings nur extrem kleine Ströme. Die LED selbst wandelt also Licht in elektrische Energie um und lädt damit ganz langsam die Kondensatoren auf. In hellem Sonnenlicht kann eine Spannung bis 2 V erreicht werden, die ausreicht, um die LED bei Dunkelheit ganz schwach leuchten zu lassen. Allerdings ist der Helligkeitsunterschied so groß, dass man das schwache LED-Licht nicht sehen kann. Deshalb wird hier ein Trick angewandt.

Die Kondensatoren liegen nicht direkt an der LED, sondern über Widerstände von 10 M. Beim Laden geht zwar etwas Energie verloren, aber das spielt kaum eine Rolle, weil der Ladestrom sehr klein ist. Effektiv liegen beide Kondensatoren parallel und werden also auf die gleiche Spannung bis etwa 2 V geladen. Drückt man auf den Tastschalter, legt man damit beide Kondensatoren in Reihe und bekommt damit eine höhere Spannung bis etwa 4 V. Bei dieser hohen Spannung fließt ein großer Strom durch die LED und erzeugt einen Lichtblitz. Die Kondensatoren werden in einem kurzen Moment weitgehend entladen. Gleichzeitig liegen nun die Widerstände parallel zu den Kondensatoren und entladen sie völlig. Der größte Teil der geladenen Energie geht aber an die LED.

Die Schaltung wurde schon einmal mit einem Elektronik-Experimentiersystem unter dem Stichwort „LED als Solarzelle" ausprobiert, dort aber mit größeren Kondensatoren von 10 µF und mit zwei LEDs. Mit den relativ kleinen Kondensatoren bekommt man zwar auch nur relativ kleine Lichtblitze, aber dafür lädt sich die Schaltung recht schnell wieder auf. Bei üblicher Arbeitsplatzbeleuchtung dauert das nur eine oder zwei Minuten, bei vollem Sonnenlicht nur eine Sekunde. Damit kann man abschätzen, welchen Ladestrom die LED liefern kann. Wenn man ganz grob davon ausgeht, dass die LED 2 V braucht um zu leuchten, muss jeder Kondensator bis auf 1 V geladen werden. Der Ladestrom ist dann I = U * C / t, also

I = 1 V * 200 nF / 1 s = 200 nA.

Der Ladestrom beträgt also ca. 0,2 µA bei vollem Sonnenlicht. Das Sonnenlicht hat eine Helligkeit von 100.000 lux. Eine typische Arbeitsplatzbeleuchtung hat rund 1000 lux, also etwa 100 Mal weniger. Der Ladevorgang dauert damit rund 100 s, weil der Ladestrom nur noch ca. 2 nA ist. Ein Test mit unterschiedlichen LEDs hat übrigens ergeben, dass manche Typen bei vollem Sonnenlicht bis zu 1 µA liefern.

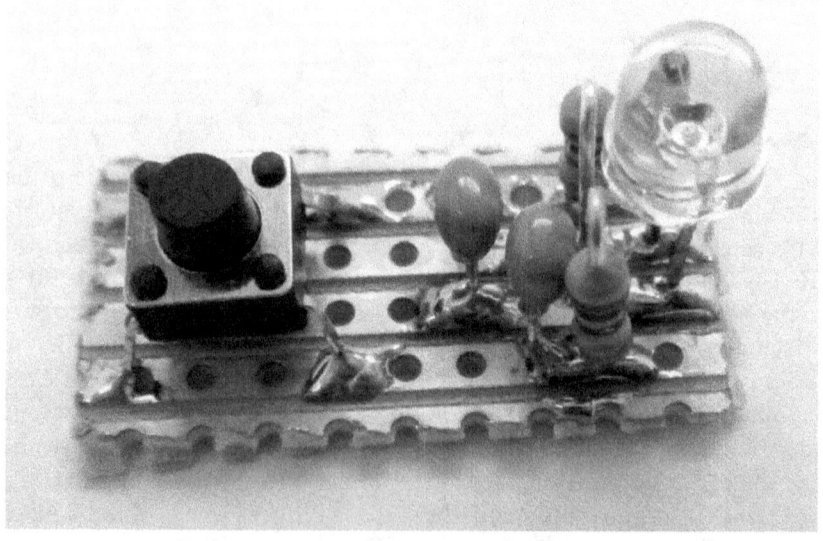

Das Blitzlicht habe ich auch noch in einer zweiten Version mit größeren keramischen Kondensatoren von 1 µF aufgebaut. Man könnte aber auch Folienkondensatoren verwenden. Nur Elkos haben meist einen zu großen Leckstrom. Die verwendete LED ist diesmal ein Typ mit eingebautem Vorwiderstand von 1 kΩ. Im Endergebnis ist der Lichtblitz deutlich heller. Aber dafür muss man zehnfach länger warten, bis die Kondensatoren für den nächsten Blitz wieder ausreichend geladen sind.

Die Schaltung eignet sich übrigens gut dazu, Leute zu verblüffen oder reinzulegen. Oder für eine Zauber-Show. Nur der Magier selbst kann einen Lichtblitz herbeizaubern, indem er lange genug seinen Zauberstab schwingt und einige lateinische Worte murmelt. Die Zuschauer dürfen danach auch mal auf den Knopf drücken, aber nichts passiert. Zum Beweis wird dann wieder gezaubert. Das funktioniert, weil nur der Magier abschätzen kann, wie lang die Ladezeit sein muss.

3.4 EF80 als Fotozelle

Wer eine HF-Pentode EF80 bei der Arbeit betrachtet, sieht die Glühkathode in ihrer vollen Länge, weil nicht nur die Gitter, sondern auch die Anode und die Schirmung sehr locker gebaut sind. Sehen und gesehen werden, das gehört zusammen. Und deshalb ist die EF80 auch eine brauchbare Fotozelle.

Die Kathodenbeschichtung ist für leichte Elektronenabgabe optimiert und enthält z.B. Cäsium, das seine Elektronen nur schwach festhält. Und genau deshalb können auch Photonen Elektronen aus der Kathode befreien. Ganz ohne Heizung, versteht sich. Getestet habe ich das mit einer blauen LED-Lampe. Licht kurzer Wellenlänge hat mehr Energie, denn es gilt E = h f, mit dem Planck'schen Wirkungsquantum h = 6,626 10E-34 Js. Ein rotes Lichtquant hat E = 2,5 eV, ein blaues E = 5 eV. Die Austrittarbeit bei Cäsium beträgt ca. 2 eV. Also bei Rot reicht es knapp, bei Blau reichlich.

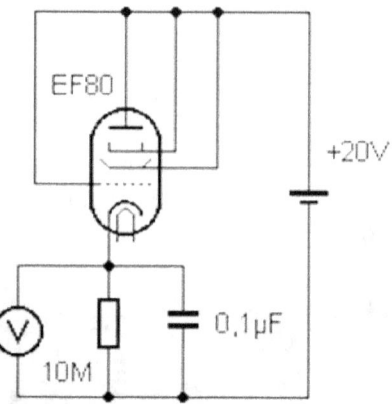

Der Fotostrom wurde mit dem Oszilloskop und einem Tastkopf mit 10 MΩ gemessen. Damit kein Brummen die Messung stört, wurde ein zusätzlicher Kondensator verwendet. Die Anodenspannung beträgt 20 V. Ohne Licht wird keine Spannung gemessen. Wenn die blaue Lampe auf die Kathode scheint, steigt die Spannung an der Kathode auf 50 mV. Damit ist der Fall klar, die EF80 ist eine vollwertige Fotozelle. Man könnte z.B. eine Lichtschranke damit bauen.

Der Fotostrom ist leider nicht gerade überwältigend. Schade, ich hatte eigentlich vor, ein Solar-Röhrenradio mit umweltfreundlicher Sonnenlicht-Fotoemission zu bauen, aber ca. 5 nA reicht nicht ganz. Vielleicht wäre mit einer besonders großen Lupe und automatischer Sonnennachführung noch was zu machen...

Eine "richtige" Fotozelle ist z.B. die 92CV mit einer Empfindlichkeit von 45 µA/lm bei einer Anodenspannung von 85 V. Bei solchen Röhren verwendet man eine größere Kathode, die entsprechend mehr Licht einfängt. So etwas war früher in Tonfilmprojektoren, heute nimmt man Si-Fotodioden dafür.

Nur wenn es extrem empfindlich zugehen soll, verwendet man immer noch Röhren: Fotomultiplier. Zwischen Kathode und Anode befinden sich im Fotomultiplier mehrere Zwischenelektroden, sog. Dynoden, die jeweils z.B. 20 V bis 100 V positiver vorgespannt werden. Dann passiert folgendes: Ein Photon schlägt ein Elektron aus der Kathode. Dieses wird beschleunigt und trifft auf die erste Dynode. Dort schlägt es z.B. zwei Elektronen frei, die dann an der zweiten Dynode vier Elektronen befreien usw. Mit 10 Dynoden hat man also eine Verstärkung von 2 hoch 10 oder 1024. Tatsächlich ist es noch viel mehr, eine Verstärkung von 100.000.000 ist kein Problem. Damit ist es möglich, sogar ein einzelnes Photon nachzuweisen. Dazu kommt, dass eine sehr große Fotokathode verwendet wird.

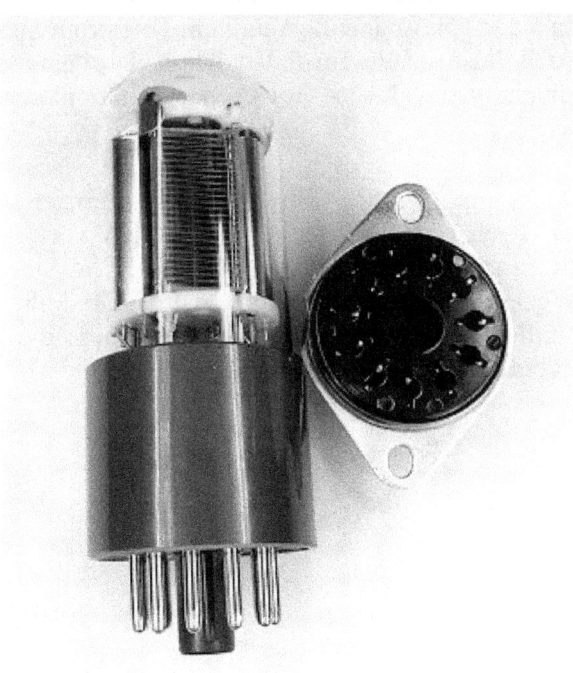

Dafür sind solche Röhren auch sehr teuer. Diese hier habe ich nur deshalb bekommen, weil sie ihre Solldaten nicht mehr ganz einhält. Normalerweise braucht man einen zehnfachen Spannungsteiler und eine stabile Spannung von einigen hundert Volt. Das war mir zu aufwendig. Im ersten Test habe ich deshalb die Röhre nur als normale Fotozelle ohne Verstärkung eingesetzt. Also die erste Dynode als Anode an +20 V gelegt und ein Multimeter in die Kathodenleitung. Und das Ergebnis mit der blauen LED-Lampe kann sich sehen lassen: 200 µA, also 40.000 mal mehr als bei der EF80.

3.5 Glimmlampe als Fotozelle

Eine kleine Glimmlampe zündet bei ca. 70 V. Legt man nur etwa 60 V an, dann funktioniert sie als brauchbare Fotozelle. Es wurde ein Fotostrom bis ca. 100 nA gemessen. Das Edelgas in der Glimmlampe bewirkt dabei einen verstärkenden Effekt, weil freie Ladungsträger weitere Gasatome ionisieren. Ein zweiter Versuch zeigte, dass mit sehr viel weniger als der Zündspannung kaum ein Fotostrom messbar ist. Der Lawineneffekt ist also in diesem Fall wichtig. Übrigens gibt es sowas auch bei Halbleitern. Avalanche-Fotodioden funktionieren genau nach diesem Muster.

Für die Messung wurde ein Digitalmultimeter mit einem Innenwiderstand von 1 MΩ im Bereich bis 200 mV verwendet. Es dient dabei als Stromstärkemessgerät bis 200 nA. Um Störungen durch elektrische Wechselfelder zu vermeiden wurde ein Folienkondensator mit 10 nF parallelgeschaltet. Für den Versuch wurde die Glimmlampe mit dem Licht einer weißen LED bestrahlt.

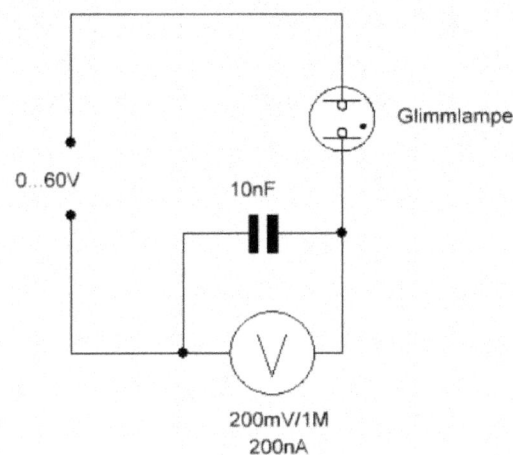

Das Messergebnis zeigt einen steilen Anstieg des Stroms bei einer Spannung nahe 60 V. Man sieht deutlich die Avalanche-Verstärkung bei hoher Vorspannung.

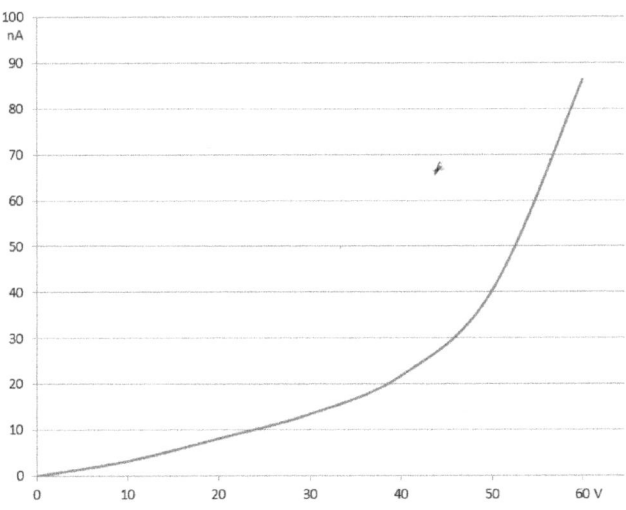

Das Ergebnis passt zu einer anderen Beobachtung: Licht erleichtert das Zünden einer Glimmlampe. Wenn man mit einer Kippschaltung die Zündspannung der Glimmlampe beobachtet, erkennt man deutlich die Abhängigkeit von der Beleuchtung. Die Zündspannung sinkt mit steigender Beleuchtung.

4 PN-Sperrschichten und Durchbrüche

Jede Diode besitzt eine PN-Sperrschicht, die in einer Richtung leitet und der andern Richtung sperrt. Aber die Sperrspannung hat ihre Grenzen. Wenn man die Spannung immer weiter erhöht, steigt der Sperrstrom plötzlich steil an. Man spricht dann vom ersten Durchbruch, der noch reversibel ist. Wenn aber zu viel Sperrstrom fließt, kommt es zu einer Zerstörung der Diode durch eine lokale Überhitzung der Sperrschicht. Das nennt man den zweiten Durchbruch, und der ist endgültig.

Der bipolare Transistor enthält zwei Sperrschichten und damit zwei Dioden. Die CB-Diode ist für höhere Spannungen ausgelegt. Die BE-Diode wird in den Datenblättern oft mit einer maximal erlaubten Sperrspannung von -5 V angegeben. Das ist alles. Die ganze spannende Geschichte, was bei größerer Spannung passiert, wird verschwiegen.

Tatsächlich besitzt ein typischer Kleinsignal-NPN-Transistor zwischen Basis und Emitter eine Art Zenerdiode mit einer Zenerspannung im Bereich 7 V bis 10 V. Bei einem Leistungstransistor liegt diese Zenerspannung deutlich höher.

Wenn man an einer Diode die Sperrspannung erhöht, wird die Sperrschicht dicker. Das ist auch der Grund, warum dann die Sperrschichtkapazität kleiner wird. Jede Diode also auch eine Kapazitätsdiode.

Wenn aber die Dicke der Sperrschicht wegen der begrenzten Dicke der Diode nicht weiter wachsen kann, steigt die elektrische Feldstärke in der Sperrschicht bis zu einer Größe, bei der freie Ladungsträger entstehen. Diese lösen dann eine Lawine weiterer Ladungsträger aus. Der Lawineneffekt lässt den Sperrstrom ab einer bestimmten Spannung steil ansteigen. Das ist bei jeder Zenerdiode der Fall. Und weil die BE-Diode in einem Transistor besonders dünn ist, passiert hier dasselbe.

Einen Kleinsignaltransistor wie einen BC547B kann man also als vollwertige Zenerdiode zur Spannungsstabilisierung einsetzen. Nur die genaue Spannung ist vorher nicht bekannt und muss experimentell ermittelt werden. Die Datenblätter schweigen sich darüber aus. Irgendwo über 5 V, mehr wird nicht verraten. Wenn nämlich die Zenerspannung angegeben wäre, müsste sie auch eingehalten werden. Also erklärt man diesen Zustand einfach zum verbotenen Bereich. Denn schon der Stromverstärkungsfaktor unterliegt großen Streuungen, die BE-Zenerspannung genauso.

Irgendwann habe ich mal gehört, dass man den verbotenen Bereich unter -5V an der Basis einen NPN-Transistors vermeiden muss, weil der Betrieb im ersten Durchbruch das Rauschverhalten des Transistors dauerhaft verschlechtert. Ob das stimmt weiß ich nicht, aber im Zenerbetrieb rauscht die Diode stakt, wie es im Übrigen jede Zenerdiode tut. Auch dieser Effekt kann sinnvoll eingesetzt werden.

Genauso wird in den Datenblättern verschwiegen, dass ein Transistor auch falsch herum, also mit vertauschtem Emitter und Kollektor funktioniert. Allerdings muss man dann die Spannung kleiner halten und bekommt auch nur eine sehr viel kleinere Stromverstärkung in Bereich bis etwas 10-fach.

Der symmetrische Aufbau z.B. des NPN-Transistors lässt ja schon vermuten, dass er auch falsch herum funktionieren muss. Aber ganz symmetrisch ist er ja nicht, denn die BE-Diode ist dünner als BC-Diode. Im inversen Betrieb wirkt sich ab einer bestimmten Spannung der erste Durchbruch der BE-Diode negativ aus. Ansonsten kann der Transistor auch falsch herum relativ normal arbeiten.

Sowas tut man nicht! Sagen die Datenblätter und viele verantwortungsbewusste Ingenieure. Aber es ist trotzdem gut zu wissen, was in einem solchen Fall passiert, allein schon zum Zweck einer möglichen Fehlersuche.

4.1 NPN-Kippschwingungen

Viele kennen diese Schaltung eines einfachen Kippgenerators. Jeder kann es ausprobieren, es funktioniert einfach. Aber warum?? Eines der ungelösten Rätsel der Elektronik.

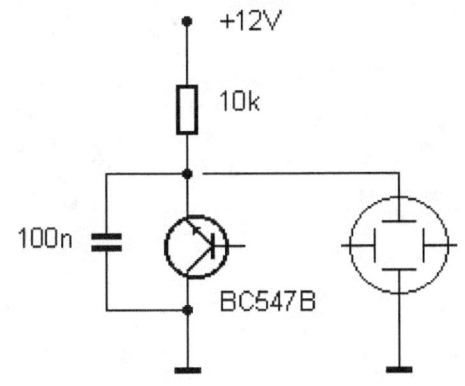

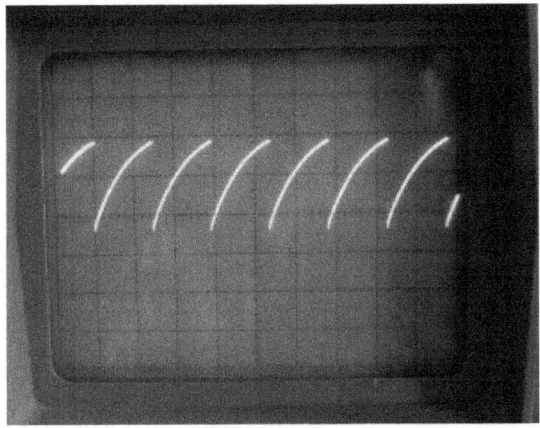

2 V/Skt

Am Kondensator findet man ein Sägezahnsignal mit ca. 1 kHz. Es ist stark von der Betriebsspannung abhängig.

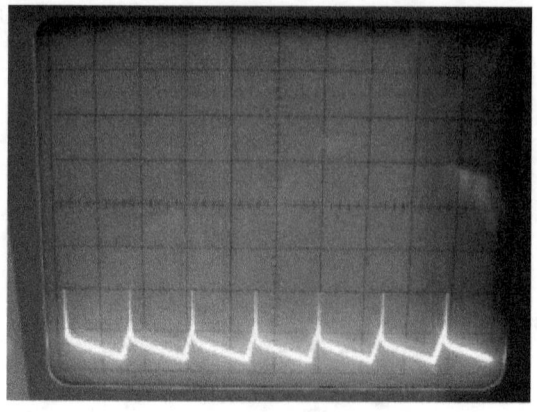

0,5 V/Skt

Hier das Signal an der Basis. Man sieht starke Basis-Impulse. Was man über die Funktion weiß ist, dass der Transistor zwischen Basis und Emitter eine Art Zenerdiode enthält. Man kann einen NPN-Transistor sinnvoll als Z-Diode einsetzen, allerdings unterliegt die Z-Spannung gewissen Streuungen.

Teilweise erklärt das die Verhältnisse in der Kippschaltung: Wenn nun die Z-Diode einsetzt, steigt die Basisspannung an, und der inverse Transistor beginnt zu leiten. Soweit ist es klar. Dann aber setzt ab einem bestimmten Strom ein anderer Prozess ein, der wie eine starke Rückkopplung wirkt und einen steilen, hohen Impuls an der Basis erzeugt. Es sieht fast so aus, als würde der Kollektorstrom die Z-Spannung reduzieren.

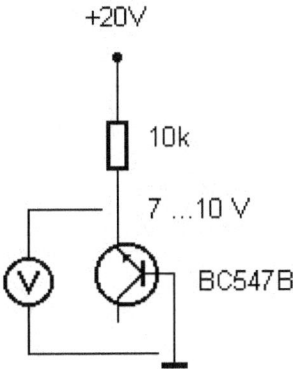

Ein PNP-Transistor bildet ebenfalls eine Z-Diode. Allerdings habe ich hier etwas höhere Zenerspannungen gefunden. Der PNP-Transistor verhält sich also ähnlich wie ein NPN-Transistor, nur mit anderer Polarität. Also habe ich den BC557 auch in der Oszillatorschaltung getestet. Ergebnis: Fehlanzeige, er schwingt nicht!

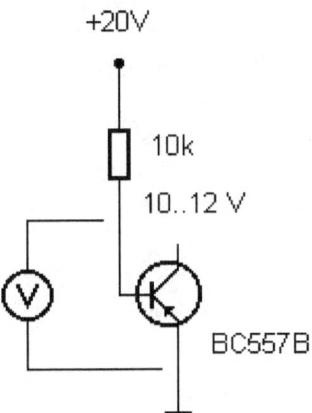

Auf der weiteren Suche nach der Funktion der Kippschaltung habe ich diese Schaltung gebaut, auf den ersten Blick ein Verstärker in Basisschaltung:

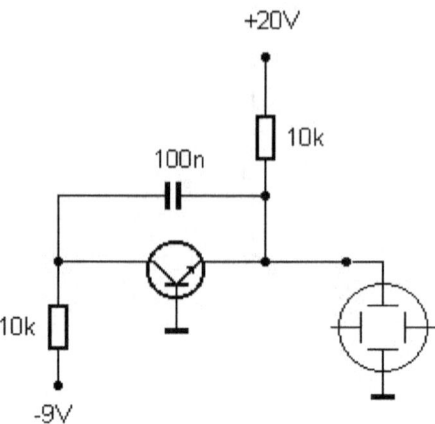

Das Ergebnis ist ein Verstärker mit sehr guter Linearität und hoher Spannungsverstärkung. Das ist irgendwie erklärlich. Wegen der fast symmetrischen Bauweise eines NPN-Transistors funktioniert er auch falsch herum, also mit vertauschtem Emitter und Kollektor. Allerdings ist die Stromverstärkung geringer, so um 5-fach herum. Bei dieser Schaltung handelt es sich um einen Verstärker in Basisschaltung, die normalerweise auch nur eine Stromverstärkung von 1, dafür aber eine hohe Spannungsverstärkung hat. Da macht es nicht viel aus, dass der Transistor invers eingesetzt ist. Dreht man ihn um, kommt fast das gleiche heraus. Der Unterschied ist nur, dass die inverse Schaltung nur bis zur BE-Zenerspannung am Ausgang arbeitet.

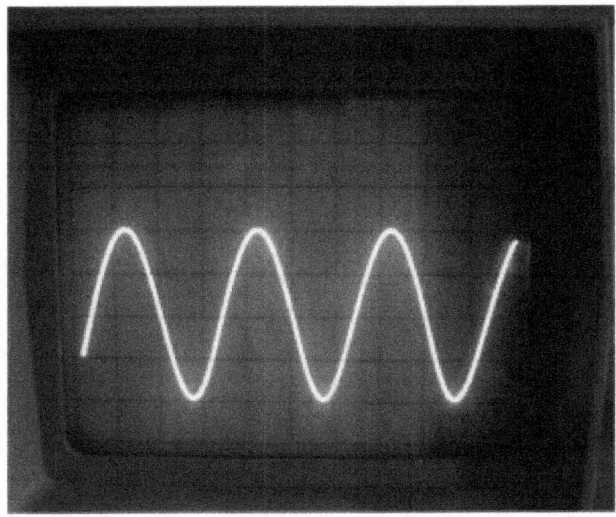

Mit einer kleinen Änderung wird auch wieder ein Oszillator aus der Schaltung. Man muss etwas mit dem Arbeitspunkt (z.B. der positiven Betriebsspannung) spielen, bis es schwingt.

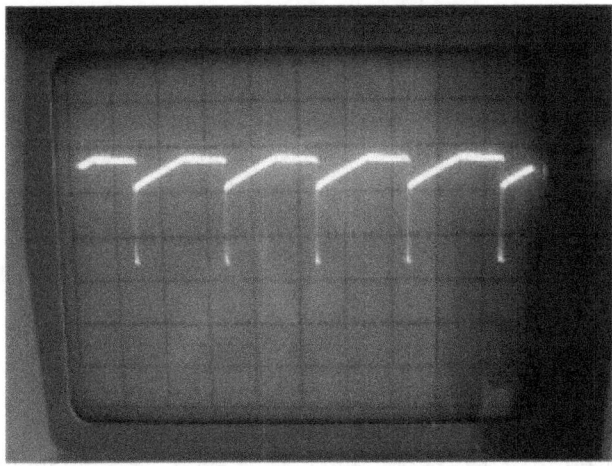

Nun gut, der Kondensator bildet eine Rückkopplung vom Ausgang auf den Eingang der Schaltung. Aber eine normale Basisschaltung würde nicht schwingen, außer wenn man einen Schwingkreis im Kollektorkreis verwendet. Ergebnis der Versuche: Es bleibt weiter unklar, warum die Kippschwingungen entstehen.

Negativer Innenwiderstand

Wenn der Oszillator schwingen kann, muss irgendwo ein negativer Innenwiderstand auftauchen. Das sollte auch einmal statisch untersucht werden. Der Transistor wird als invers-verstärkte Z-Diode eingesetzt. Es arbeitet die BE-Z-Diode und der inverse Transistor mit vertauschtem Emitter und Kollektor. Das ganze ergibt dann so etwas wie eine Gesamt-Zenerdiode. Die Vermutung war aber, dass die resultierende Z-Spannung bei steigendem Strom sinkt. Dann gäbe es einen negativen Innenwiderstand. Für den Versuch wurde die Betriebsspannung mit einem Labornetzteil in Stufen hochgefahren und die Z-Spannung gemessen.

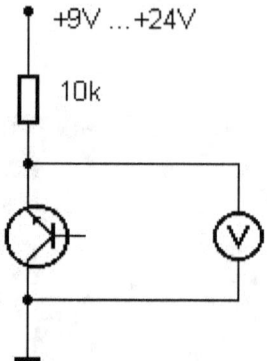

Die Auswertung mit Excel zeigt tatsächlich den negativen Innenwiderstand. Der Kollektorstrom wird aus den gemessenen Spannungen berechnet. Dann wird der Strom gegen die Z-Spannung aufgetragen. Ergebnis: Mehr Strom – weniger Spannung. Das ist anders als bei einer normalen Z-Diode und erklärt auch die Schwingungen.

	C2	▼	f_x =(A2-B2)/10		
	A	B	C	D	E
1	Ub/V	Uec/V	Ic/mA		
2	9	8,4	0,06		
3	10	8	0,2		
4	12	7,75	0,425		
5	14	7,55	0,645		
6	16	7,41	0,859		
7	18	7,31	1,069		
8	20	7,23	1,277		
9	22	7,16	1,484		
10	24	7,1	1,69		

BC547B

Allerdings – es fehlt immer noch die Theorie zur Messung. Warum genau sinkt die Z-Spannung bei steigendem Kollektorstrom? Und noch etwas ist seltsam: Die gleiche Messung mit einem PNP-Transistor zeigt einen sehr kleinen positiven(!) Innenwiderstand, fast so wie bei einer sehr guten Z-Diode.

4.2 Aufbau eines LED-Blitzers

Die einfache Schaltung mit einem inversen NPN-Transistor mit offener Basis lädt geradezu dazu ein, einen LED-Blitzer damit zu bauen. Der Entladestromstoß ist kräftig genug um eine LED direkt zu betreiben. Hier wird eine Spannung über 9 V gebraucht.

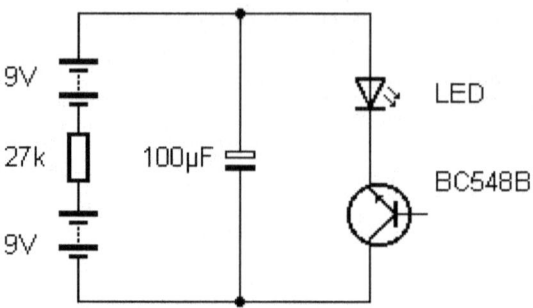

Die Schaltung funktioniert sehr gut mit zwei fast völlig leeren 9-V-Batterien. Die LED blinkt noch lange und holt das letzte bisschen Energie aus den Batterien. Die Blitzfrequenz nimmt dabei weiter ab. Den Ladewiderstand habe ich aus mechanischen Gründen zwischen die Batterien gesetzt, er hilft, sie zusammenzuhalten.

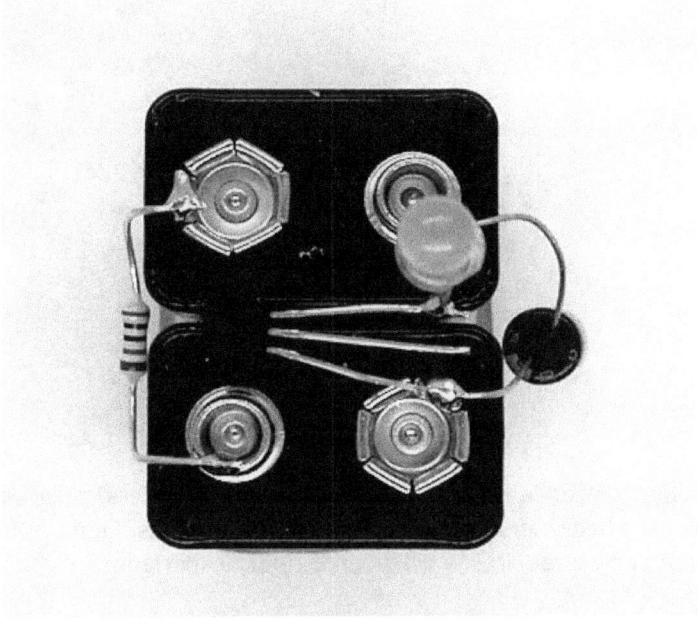

https://youtu.be/s0zs9rZ_P3k

4.3 Multi-LED-Blitzer

Eine durchgebrannte Glühlampe ist viel zu schade, um sie einfach wegzuwerfen. Deshalb wurde hier eine besonders einfache LED-Blitzschaltung mit sechs Kanälen eingebaut.

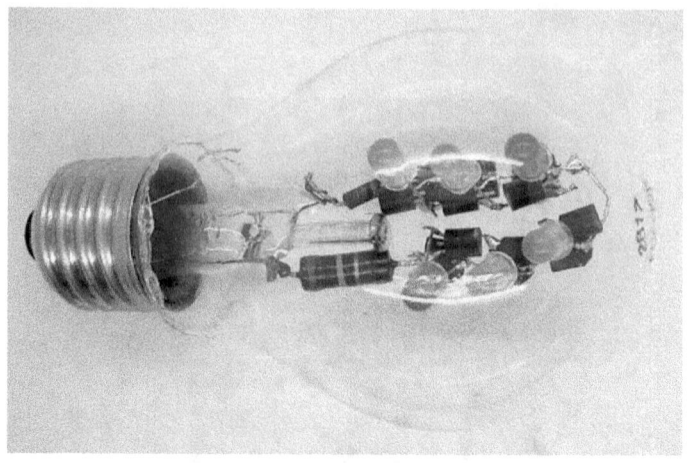

Alle sechs Blitzer arbeiten völlig asynchron, sodass insgesamt ein chaotisches Muster erscheint. Und zugleich ist das Gerät mit einem Verbrauch von nur ca. 0,2 W eine echte Energiesparlampe.

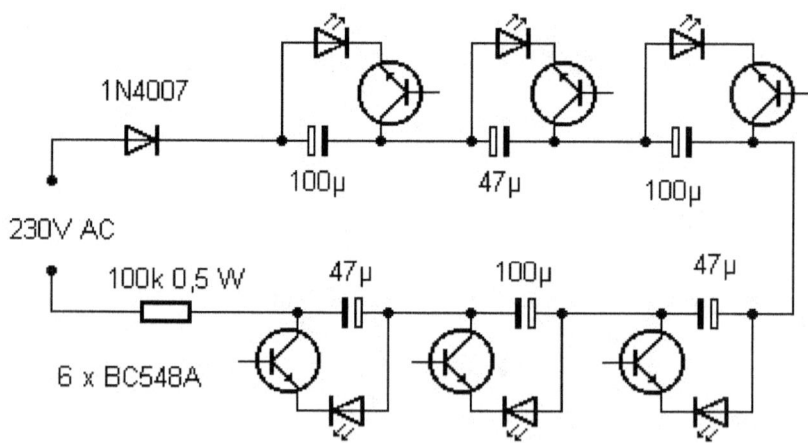

Jede der sechs in Reihe geschalteten NPN-Kippschaltungen erhält denselben Ladestrom. Durch Variation der Elko-Kapazitäten lässt sich die Blitzfrequenz und die Helligkeit beeinflussen. Außerdem geht alles viel langsamer, wenn man den 100-k-Ladewiderstand vergrößert. Auch ein zusätzlicher externer Widerstand kann die Frequenz verkleinern.

Zuerst einmal muss man den Glaskolben öffnen. Dazu habe ich das Hals mit einem Faden umwickelt, diesen dann mit Spiritus getränkt und angezündet. Nach ca. drei Sekunden war das Glas ringförmig erhitzt. Dann alles mit Wasser abgeschreckt, und schon war der Glaskoben sauber abgetrennt. Allerdings war auch etwas Wasser in den Sockel eingedrungen. Ein kleines Loch im Schraubsockel und die Zentralheizung haben geholfen, alles wieder trockenzulegen.

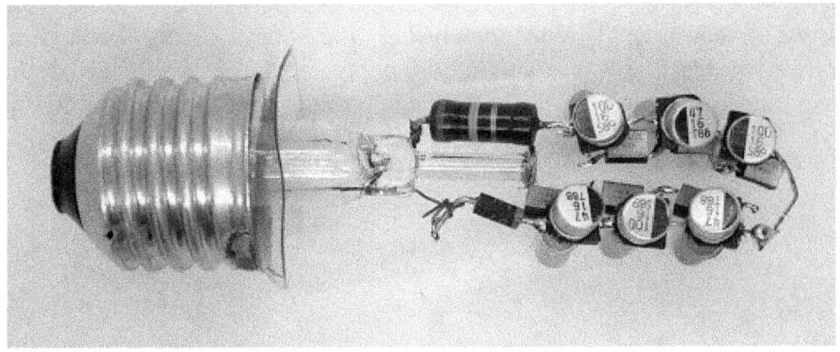

Die Anschlüsse aus Stahldraht lassen sich nicht gut löten. Der Widerstand und die Diode wurden daher mit dem harten Draht umwickelt und mit der Zange geklemmt, ganz nach dem Vorbild der Glühdrahtbefestigung. Die ganze Schaltung ist jetzt freitragend und ausreichend stabil. Nach einem ersten Test wurde der Glaskolben wieder aufgeklebt.

Der Umgang mit Netzspannung ist gefährlich und darf nur von erfahrenen Personen gewagt werden! Im Zweifel sollte man lieber die Finger von der Netzspannung lassen. Deshalb kommt hier noch Version für kleine Spannungen ab ca. 12 V. Man kann damit recht gefahrlos auch längere Blitzlicht-Ketten bauen.

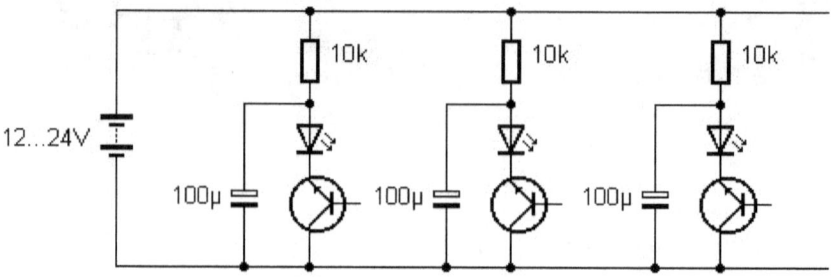

4.4 Der Avalanche-Transistor

Kippschwingungen kannte ich bisher nur beim invers betriebenen Transistor. Dass sowas auch richtig herum und mit sehr viel höherer Spannung geht, habe ich später erst erfahren. Die Ergebnisse der einfachen Versuche mit einem BC547B haben mich überrascht.

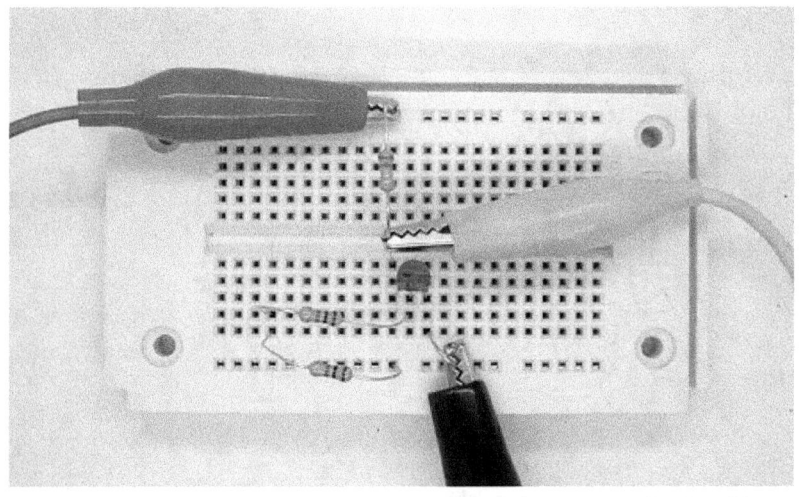

An einer Spannungsquelle mit 300 V und mit einem hochohmigen Kollektorwiderstand verhält sich der Transistor ähnlich wie eine Zenerdiode mit 200 V, wenn die Basis gegen den Emitter kurzgeschlossen ist. Mit offener Basis sind es nur noch 75 V.

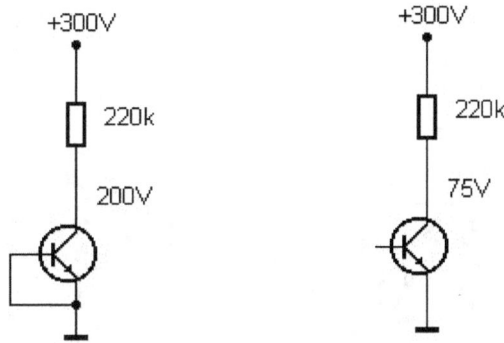

Die Spannung messe ich mit dem Oszilloskop. Dabei fällt schon auf, wenn ich den Basis-Kurzschluss entferne, schaltet der Transistor für einen kurzen Moment ganz durch, ähnlich wie ein Thyristor. Danach erst stellt sich die Spannung von 75 V ein.

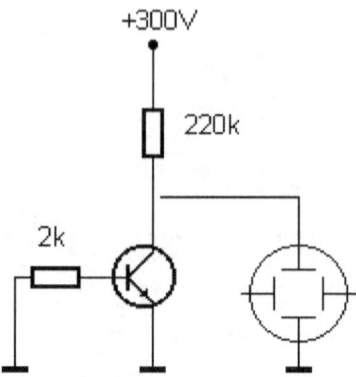

Irgendwas zwischen Kurzschluss und offenem Eingang ist z.B. ein Widerstand von 2 kΩ. Und dann passiert's: Es entstehen Kippschwingungen mit einer Amplitude von 200 Vss! Die Frequenz hängt von der Kapazität der Verbindungsleitung und des Schaltungsaufbaus ab und liegt bei ca. 100 kHz. Man könnte natürlich einen größeren Kondensator parallelschalten, aber dann sprengt der Transistor sich mit Sicherheit selbst in die Luft. Die steilen Flanken verraten es schon, beim Entladen fließt ein sehr großer Strom. Die Impulsleistung liegt in der Größenordnung von 100 W! Wenn dann auch noch eine größere Ladung anliegt, wird das zu viel für diesen kleinen Transistor.

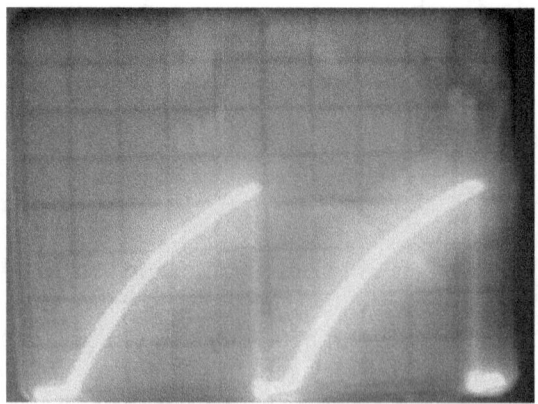

Man kann den Sägezahn mit einem externen Signal synchronisieren. Dazu nimmt man irgendeinen Signalgenerator, auch sinusförmige Spannungen sind erlaubt. Die steilen Flanken am Ausgang bleiben erhalten.

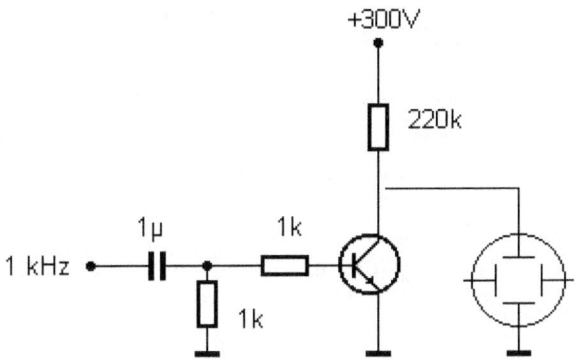

Das bedeutet zugleich Oberwellen ohne Ende. Die folgende Messung zeigt das Spektrum bis 1000 MHz! Das Messkabel des Spectrum Analyzers habe ich dabei aber nicht angeschlossen, sondern nur in die Nähe gehalten. 200 Vss sind nicht gut für das Gerät.

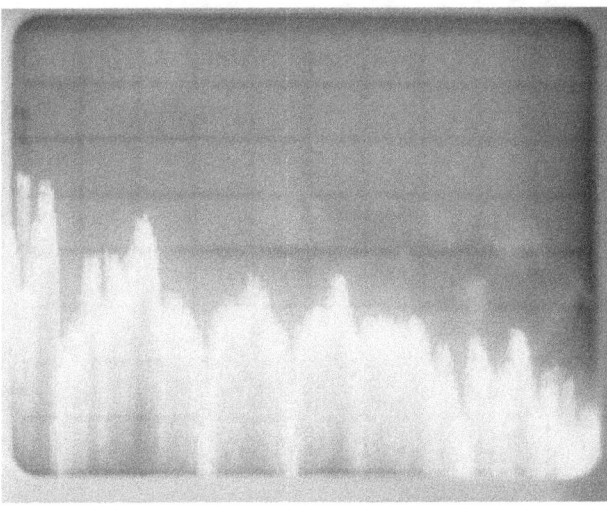

Und was hat die Welt davon? Also erstens bin ich froh, dass ich diese

Eigenschaft eines stinknormalen Transistors jetzt kenne. Denn sowas könnte ja mal versehentlich auftreten. Und dann wundert man sich, warum überall das Radio gestört wird und plötzlich der Funkmesswagen vor der Tür steht. Und zweitens wird diese Methode schon seit langem eingesetzt, um oberwellenreiche Eichsignale zu erzeugen. Aus einem 10-kHz-Signal kann man leicht einen Lattenzaun bis 1000 MHz erzeugen, z.B. um Empfänger zu überprüfen.

Dank an Jürgen Heisig, der mich auf das Phänomen aufmerksam gemacht hat und mich auf einen Artikel von 1970 hingewiesen hat: Ham Radio, Dezember 1970: Avalanche-Transistor Circuits

Ein ausgewiesener Avalanche-Transistor ist der ZTX413 im gleichen kleinen TO92-Gehäuse und mit einer im Datenblatt angegebenen Durchbruchspannung von mindestens 150 V.

4.5 Dioden-Rauschen

Der erste Durchbruch einer Halbleiterdiode bringt auch noch andere interessante Möglichkeiten. Die Basis-Emitterdiode eines Si-Kleinsignaltransistors stellt immer zugleich auch eine Zenerdiode dar. Ab einer Spannung von ca. 8 bis 9 V zeigt die Sperrkennlinie einen steilen Stromanstieg. Dieser Effekt wird oft zur Spannungsstabilisierung eingesetzt. Wie jede Zenerdiode zeigt aber auch der Transistor ein relativ starkes Rauschen. Dieses wird hier maximal verstärkt und hörbar gemacht.

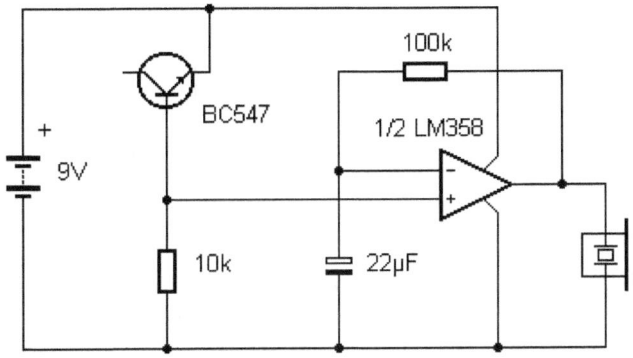

Die Gegenkopplung des OPV ist in dieser Schaltung für höhere Frequenzen aufgehoben, um eine maximale Verstärkung zu bekommen. Der OPV arbeitet praktisch mit Leerlaufverstärkung, was im Interesse geringer Verzerrungen und eines ausgeglichenen Frequenzgangs normalerweise vermieden wird. Bei einem Rauschgenerator kommt es darauf aber nicht an. Man hört ein deutliches Rauschen, wesentlich lauter als das berühmte Meeresrauschen einer großen Muschel.

Filtermessung mit Rauschgenerator

Mit einem HF-Transistor reicht das Rauschen auch in den Bereich höherer Frequenzen. Ein DRM-Empfänger braucht ein möglichst glattes ZF-Filter mit einer Bandbreite über 10 kHz. Hier sollte der Elektor-DRM-Empfänger genauer untersucht werden. Wer wissen will, wie die Filterkurve eines Empfängers aussieht, braucht einen HF-Rauschgenerator.

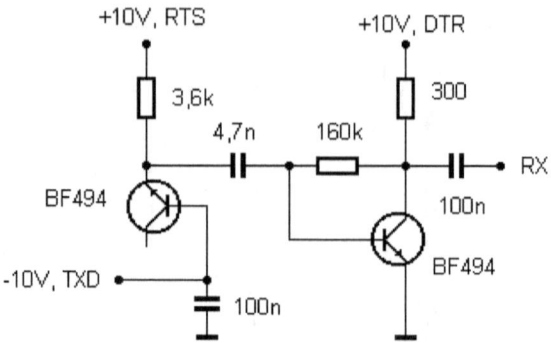

Man verwendet z.B. die Basis-Emitterstecke eines HF-Transistors als Rauschquelle. Invers gepolt hat man hier eine stark rauschende Zenerdiode mit einer Zenerspannung von rund 9 V. Das Signal wird dann noch in einer zusätzlichen Stufe verstärkt.

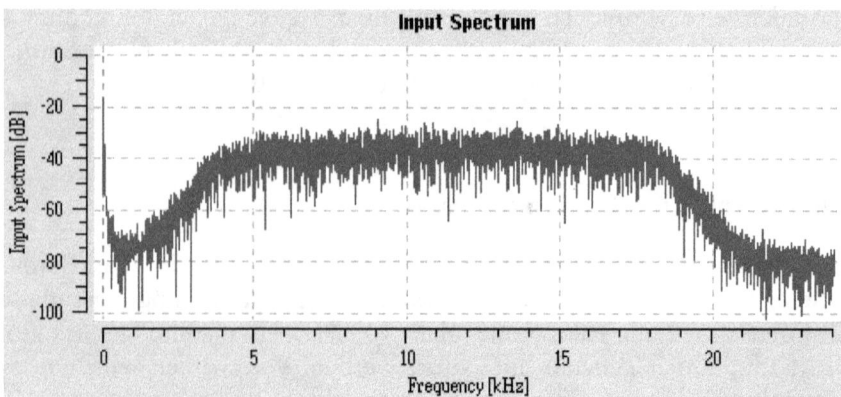

Der Ausgang der Schaltung wurde direkt mit dem Antenneneingang des Empfängers verbunden. Das Ergebnis ist für einen DRM-Empfänger optimal: Flache Durchlasskurve mit einer Breite von ca. 13 kHz. Die Flankensteilheit beträgt ca. 40 dB / 4 kHz.

5 Leuchtende Halbleiter

LEDs sind aus Halbleitern wie Galliumarsenid und erzeugen Licht bei einem Strom in Durchlassrichtung. Aber die funktionieren auch als Fotoelemente und als Fotodioden, wenn auch wegen ihrer geringen Fläche nur sehr schwach.

Fotoelemente sind meist großflächige Silizium-Dioden, die eine Spannung von ca. 0,5 V erzeugen. Wenn aber eine LED sowohl Licht erzeugen als auch Licht in Energie umwandeln kann, dann erhebt sich die Frage, warum nicht auch eine SI-Fotozelle oder eine andere Si-Diode Licht emittieren kann. Oder tut sie es, aber es ist zu schwach oder auf einer falschen Wellenlänge, um es zu sehen?

5.1 Milli-Lux messen

Geringste Helligkeiten messen, das geht mit einem Tiny13-Controller und einer Fotodiode BPW34. Das Messprinzip: Der Controller lädt einen kleinen Kondensator von 1500 pF auf 5 V auf und misst dann die Zeit, in der die Fotodiode den Kondensator halb entladen hat. Aus der gemessenen Zeit kann man die Helligkeit bestimmen.

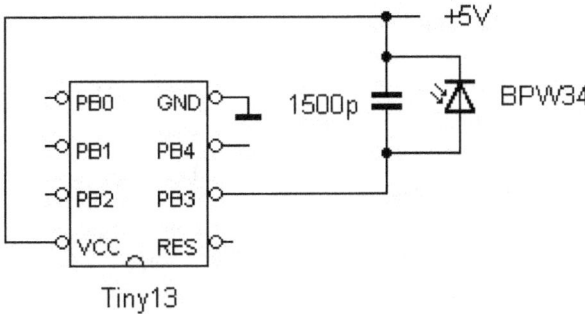

Das Messprogramm Lichtsensor1.bas entlädt den Port B3 zunächst und schaltet ihn dann hochohmig. In einer Schleife wird dann gemessen, wie lange es dauert, bis der Portzustand high wird. Die Spannung beträgt dann etwa 2,5 V.

```
'Empfindlicher Lichtsensor1.bas
'1,5 nF + Fotodiode gegen Vcc

$regfile = "attiny13.dat"
$crystal = 1200000

Dim D As Long


Config Adc = Single , Prescaler = Auto
Start Adc
Open "comb.1:9600,8,n,1,INVERTED" For Output As #1

Do
  D = 0
  Ddrb.3 = 1
  Portb.3 = 0
  Waitms 10
  Ddrb.3 = 0
  Do
```

```
   D = D + 1
   Waitms 1
   Loop Until Pinb.3 = 1
   Print #1 , D
   Waitms 500
Loop
End
```

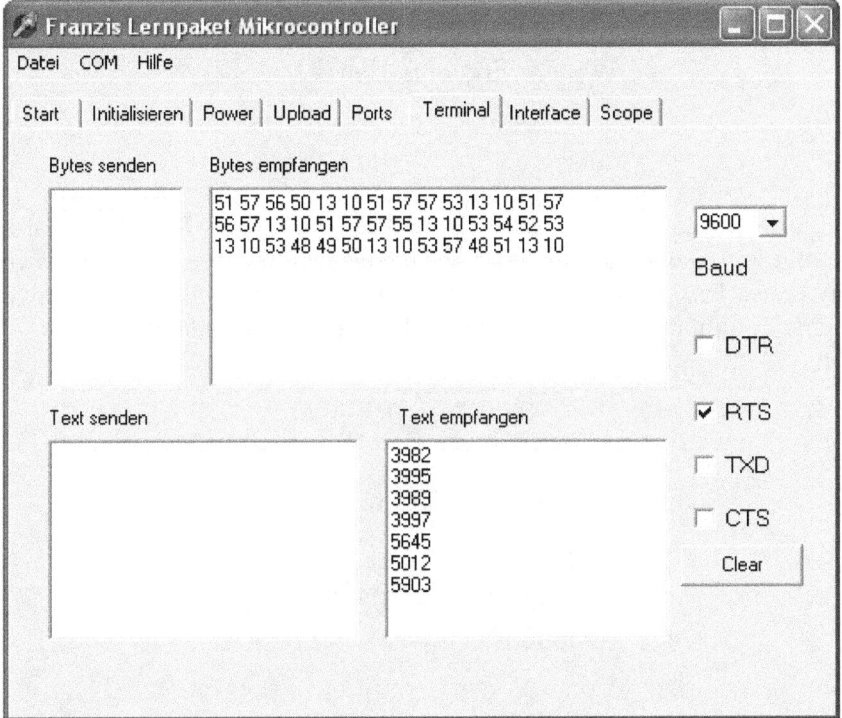

Bei großer Helligkeit zeigt das Programm nur eine Millisekunde, bei absoluter Dunkelheit etwa 6000 ms. Laut Datenblatt bringt die BPW34 bei 1 klx 70 µA. Das wären also für 1 lx etwa 70 nA. Das wären dann 54 ms, wie ein Kapazitäts-Ladezeit-Rechner bei 1,5 nF und 2,5 V zeigt.

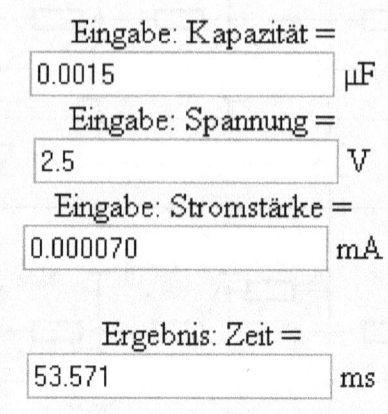

Die größte Ladezeit ist aber noch ca. 100 Mal länger. Der Dunkelstrom beträgt laut Datenblatt etwa 2 nA. Daraus ergibt sich eine Ladezeit von ca. 1,9 s. Tatsächlich ist die Zeit bei Dunkelheit noch dreimal größer, meine Fotodiode ist also etwa dreimal besser als das Datenblatt sagt.

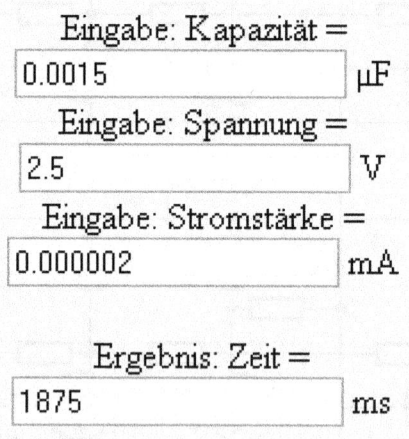

Mit den gegebenen Daten kann ich das Messergebnis in Lux bzw. in Milli-Lux (mlx) umrechnen:

```
'Empfindlicher Lichtsensor2.bas
'100 nF + Fotodiode gegen Vcc

$regfile = "attiny13.dat"
$crystal = 1200000

Dim D As Word

'Baud = 9600
Config Adc = Single , Prescaler = Auto
Start Adc
Open "comb.1:9600,8,n,1,INVERTED" For Output As #1

Do
  D = 0
  Ddrb.3 = 1
  Portb.3 = 0
  Waitms 10
  Ddrb.3 = 0
  Do
    D = D + 1
    Waitms 1
  Loop Until Pinb.3 = 1
  D = 54000 / D
  Print #1 , D ; " mlx"
  Waitms 500
Loop
End
```

Das Programm zeigt nun die untere Messgrenze von 8 mlx für absolute Dunkelheit.

```
10 mlx
8 mlx
8 mlx
8 mlx
8 mlx
8 mlx
9 mlx
```

Absolute Dunkelheit

5.2 Messung an einer Silizium-LED

Eine normale LED arbeitet auch als Fotodiode. Sollte das nicht auch umgekehrt funktionieren? Dann müsste eine Si-Fotodiode zugleich auch eine Infrarot-Si-LED sein! Eigentlich müsste sogar jede Diode und jeder Transistor als LED funktionieren.

Wenn man im Internet danach sucht, findet man tatsächlich Forschungen, die auf Si-LEDs abzielen. Allerdings soll der Wirkungsgrad aus verschiedenen Gründen sehr schlecht sein. Trotzdem müsste mein Milli-Lux-Messgerät das nachweisen können. Für den ersten Test habe ich erstmal eine normale LED mit einem sehr kleinen Strom probiert. Alles muss in absoluter Dunkelheit ablaufen. Deshalb ist es am besten, wenn der Messcontroller zugleich auch den LED-Strom schaltet.

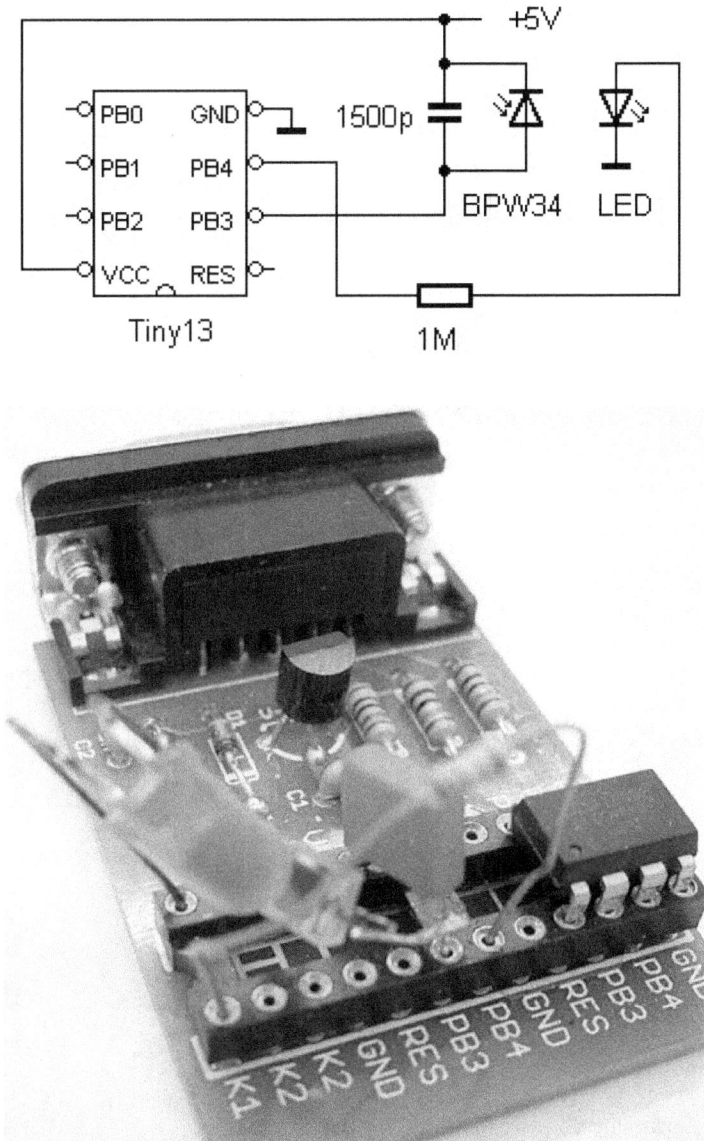

Der LED-Strom beträgt unter 4 µA. Die Messung mit dem Programm Lichtsensor3.bas läuft jetzt jeweils zweimal ab, einmal mit ausgeschalteter und einmal mit eingeschalteter LED.

```
'Empfindlicher Lichtsensor3.bas
'100 nF + Fotodiode gegen Vcc
'Messung einer LED bei kleinsten Strom

$regfile = "attiny13.dat"
$crystal = 1200000

Dim D As Word

'Baud = 9600
Config Adc = Single , Prescaler = Auto
Start Adc
Open "comb.1:9600,8,n,1,INVERTED" For Output As #1

Declare Sub Lux
  Ddrb.4 = 1
Do
  Portb.4 = 0
  Lux
  Portb.4 = 1
  Lux
Loop


Sub Lux
  D = 0
  Ddrb.3 = 1
  Portb.3 = 0
  Waitms 10
  Ddrb.3 = 0
  Do
    D = D + 1
    Waitms 1
  Loop Until Pinb.3 = 1
  D = 54000 / D
  Print #1 , D ; " mlx"
  Waitms 500
End Sub
```

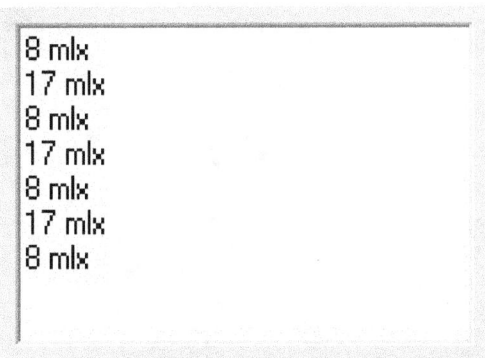

Der Unterschied zwischen beiden Messungen beträgt ca. 9 mlux. Mit bloßem Auge kann ich das Leuchten nach längerer Gewöhnung an die Dunkelheit gerade noch erkennen. Wenn man die 4 µA auf 20 mA hochrechnet, müsste die LED dann 45 lux bringen, was realistisch ist.

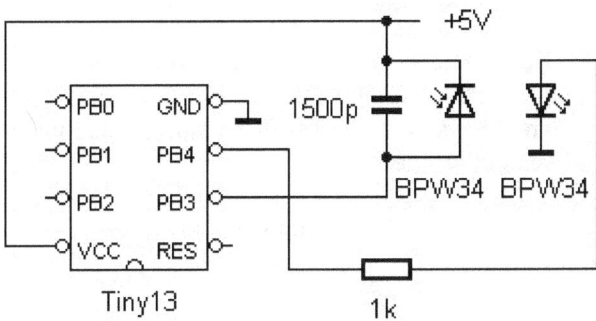

Jetzt wird es spannend! Statt der LED setze ich eine zweite Fotodiode BPW34 in die Schaltung, diesmal mit einem kleineren Vorwiderstand, sodass die potenzielle Si-LED mit knapp 5 mA betrieben wird. Beide Dioden stehen sich nahe gegenüber. Wenn also die Si-LED funktioniert, sollte man es messen können.

Heureka, es funktioniert! Die ersten Ergebnisse zeigten einen Unterschied von einem MilliLux. Das könnte noch ein Messfehler sein. Deshalb habe ich das Programm noch einmal aufgebohrt, sodass nun Zehntel-mlx angezeigt werden.

```
'Empfindlicher Lichtsensor, Auflösung 0,1 mlx
'100 nF + Fotodiode gegen Vcc
'Messung einer Si-LED

$regfile = "attiny13.dat"
$crystal = 1200000
Dim D As Word

'Baud = 9600
Config Adc = Single , Prescaler = Auto
Start Adc
Open "comb.1:9600,8,n,1,INVERTED" For Output As #1

Declare Sub Lux
  Ddrb.4 = 1
Do
  Portb.4 = 0
```

```
  Lux
  Portb.4 = 1
  Lux
Loop

Sub Lux
  D = 0
  Ddrb.3 = 1
  Portb.3 = 0
  Waitms 10
  Ddrb.3 = 0
  Do
    D = D + 1
    Waitms 1
  Loop Until Pinb.3 = 1
  D = D / 10
  D = 54000 / D
  Print #1 , D ; " mlx/10"
  Waitms 500
End Sub
```

Der Unterschied war etwa 1 mlx. Um sicher zu gehen, habe ich extern einen Strom von knapp 50 mA zugeführt. Es konnte eine Helligkeitssteigerung von über 10 mlx gemessen werden. Damit ist das Ergebnis eindeutig. Die BPW34 funktioniert als Si-LED! Allerdings hat diese Prozedur der Diode nicht gut getan. Denn nun bringt sie als Si-LED bei knapp 5 mA nur noch ca. 0,5 mlx.

```
87 mlx/10
92 mlx/10
86 mlx/10
90 mlx/10
86 mlx/10
90 mlx/10
86 mlx/10
```

5.3 Si-Halbleiter als LED

Nachdem bereits eine Fotodiode als Si-LED entlarvt wurde, sollen nun auch andere Si-Halbleiter untersucht werden. Die Versuche finden in einer speziellen Dunkelkammer aus einer Kaffeedose statt. Alle Kabel werden durch ein enges Loch geführt.

Eine ganz normale Si-Diode 1N4148 im Glasgehäuse kam zuerst auf den Prüfstand. Ergebnis: Null.

Bekannt ist, dass viele Zenerdioden auch als Fotodioden funktionieren. Deshalb kamen sie als nächstes in die engere Wahl. Bei einer Z-Diode mit 39 V der erste Erfolg! Bei ca. 38 V und 20 mA konnte eine Helligkeit um 10 mlx gemessen werden. Die Diode wird dabei warm und erwärmt auch die Fotodiode neben ihr. Das führt ebenfalls zu einem scheinbaren Anstieg der Helligkeit. Allerdings kann man beide Effekte leicht unterscheiden, weil die Temperaturänderung langsam, die Lichtänderung aber schnell eintritt.

Den zweiten Erfolg brachte eine Z-Diode mit 5,1 V. Allerdings konnte in Sperrrichtung bei ca. 5 V und 20 mA nur eine Helligkeit von 0,5 mlx gemessen werden. In Durchlassrichtung bei ca. 0,7 V und ebenfalls 20 mA wurde die Diode heller und brachte 2,5 mlx.

Ob man sowas fotografieren könnte? Als Vorversuch habe ich eine normale IR-Diode getestet. Die Digitalkamera sieht das Infrarotlicht relativ gut. Bei 20 mA übersteuert die Kamera. Bis herunter auf etwa 1 mA ist auf einem Foto noch etwas zu erkennen. Allerdings liegt die Wellenlänge noch relativ nahe am sichtbaren Bereich. An der IR-Diode liegen ca. 1,1 V, an der Z-Diode dagegen nur etwa 0,7 V. Deshalb müsste das Licht der Z-Diode noch einmal deutlich langwelliger sein. Ich schätze, dass die Aufnahme der Z-Diode eine etwa 100-fach größere Empfindlichkeit der Kamera erfordern würde.

5.4 Leuchtender Transistor

Der entscheidende Tipp kam von Jan Kossowski: Ein Transistor als LED funktioniert tatsächlich. Dazu nimmt man einen 2N3055 Transistor und entfernt die Metallkappe. Um nun den Transistor leuchten zu lassen muss man nun die Basis-Emitter-Diode im Durchbruch betreiben.

Das musste ich gleich mal ausprobieren! Mein Transistor war ein sehr alter 2N3055, die Durchbruchspannung lag über 25 V. Tatsächlich, es entsteht gut sichtbares, gelb-oranges Licht. Man kann es mit bloßem Auge gut erkennen, aber ein Foto ist nicht ganz einfach. Für die Aufnahme habe ich 400 mA fließen lassen.

Derselbe Test mit einem BC140 bei ca. 9 V und 100 mA war noch erfolgreicher und konnte sogar mit einer Mikroskop-Kamera aufgenommen werden. Das Blinken kommt daher, dass ich den Strom manuell ein- und ausgeschaltet habe.

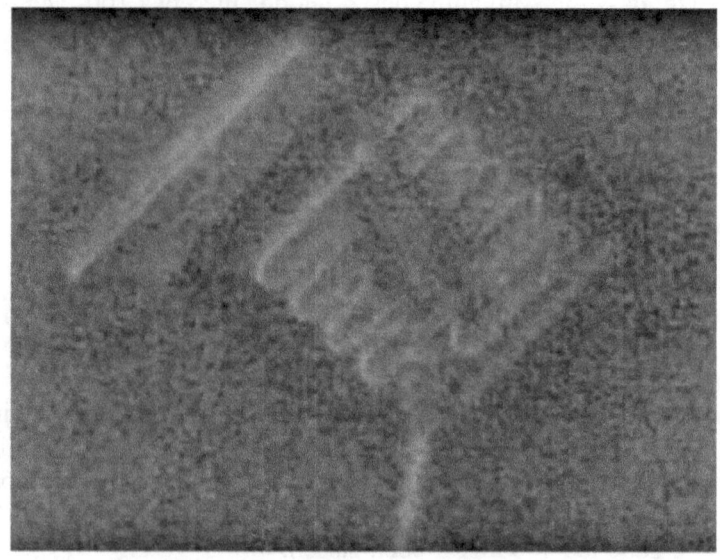

http://www.youtube.com/watch?v=gZlazzoP5YA

Von Björn Bantle kam der Tipp, dass man den Versuch mit einem Fototransistor BPW62 durchführen kann, bei dem auch die Basis herausgeführt ist. Das Leuchten kann dann durch das Glasfenster hindurch beobachtet werden.

5.5 Lichtmessung an einem BC140

Jetzt hab ich den BC140 im TO5-Gehäuse schon so schön aufgebördelt, da muss ich ihn auch gleich einmal gründlich durchmessen. Wie hell ist z. B. das gelbe Licht, das man bereits mit bloßem Auge im Dunkeln sehen kann?

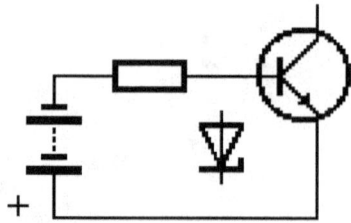

BE-Strecke in Sperrrichtung (Durchbruch) mit 100 mA: 9 mlx
BE-Strecke in Sperrrichtung (Durchbruch) mit 20 mA: 2 mlx

Das war das gelbe Leuchten, aber jetzt kommt die Durchlassrichtung derselben Diode. Vermutlich entsteht nur noch IR-Licht, weil die Spannung um 0,7 V liegt.

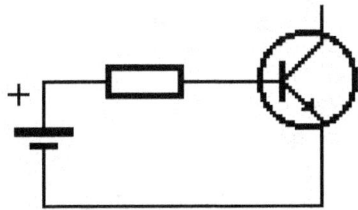

BE-Strecke in Durchlassrichtung mit 100 mA: 18 mlx
BE-Strecke in Durchlassrichtung mit 20 mA: 4 mlx

Also laut Lichtmessung mit einer Si-Fotodiode doppelt so hell wie in Sperrrichtung! Aber man sieht es nicht, weil es infrarotes Licht ist. Der Transistor ist also nicht nur eine LED, er ist sogar eine Duo-LED!

Und jetzt kommt die andere Diode im NPN-Transistor:

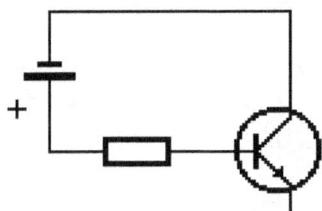

CB-Strecke in Durchlassrichtung, 100 mA: 18 mlx
CB-Strecke in Durchlassrichtung, 20 mA: 4 mlx

Also genau das gleiche Ergebnis wie bei der BE-Strecke. Und bei beiden Dioden ist die Helligkeit etwa proportional zum Strom, genau wie bei einer echten LED.

Und was ist bei ganz normalem Kollektorstrom? Dazu habe ich Basis und Kollektor zusammengeschaltet. Man kann dann davon ausgehen, dass der Basisstrom sehr gering ist und vernachlässigt werden kann.

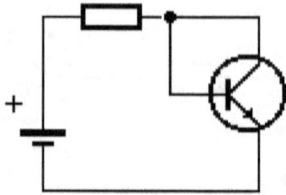

Kollektorstrom 100 mA: 0 mlx, überhaupt nichts! Seltsam, wer kann das wohl erklären?

Und jetzt drehe ich den Transistor noch um. Er arbeitet als Transistor mit vertauschtem Emitter und Kollektor bei BE-Durchbruch, genau wie beim NPN-Kipposzillator mit negativer Steigung der Kennlinie.

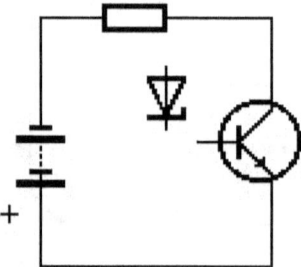

Emitterstrom (+10 V über 33 Ohm) 100 mA: 1 mLx.

Interessant, ob wohl die negative Kennlinie etwas mit dem Licht zu tun haben könnte?

5.6 Erster Durchbruch einer LED

Bei der Arbeit an einem Lernpaket und dem LED-Spannungswandler aus der Bastelecke entstand die Frage, wie empfindlich eine weiße LED gegen hohe Sperrspannungen ist. Setzt man nämlich die LED falsch herum ein, arbeitet der Sperrwandler im Leerlauf und erzeugt hohe Spannungsimpulse. Bei den ersten Versuchen mit dem Spannungswandler war mir vor vielen Jahren tatsächlich eine weiße LED kaputt gegangen.

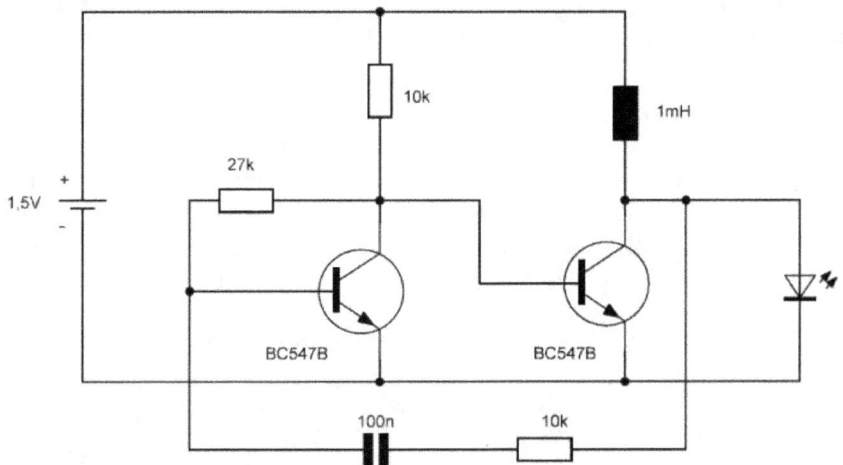

Die Frage war also, ob heutige LEDs weniger empfindlich sind. Die Leerlaufimpulse lassen sich über die Eingangsspannung einstellen. Bei 2 V entstehen Induktionsimpulse bis etwa 100 V. Also habe ich die LED invers eingesetzt und langsam die Spannung erhöht. Die Impulse werden dabei auf knapp 80 V begrenzt. Und - die LED leuchtet!

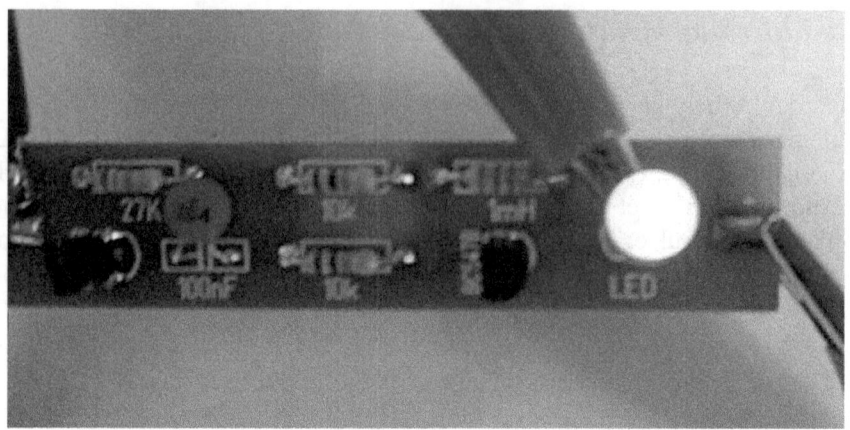

Das bedeutet offensichtlich, dass die LED in den ersten Durchbruch kommt und wie eine Zenerdiode leitet. Dass dabei auch Licht erzeugt wird, finde ich erstaunlich. Aber ich erinnere mich an ein rotes LED-Display aus einem der ersten Taschenrechner, bei dem ich Ähnliches beobachtet hatte. Bei einer ausreichend großen Sperrspannung erschien ein Leuchten, aber nicht mit roter, sondern mit weißlicher Farbe.

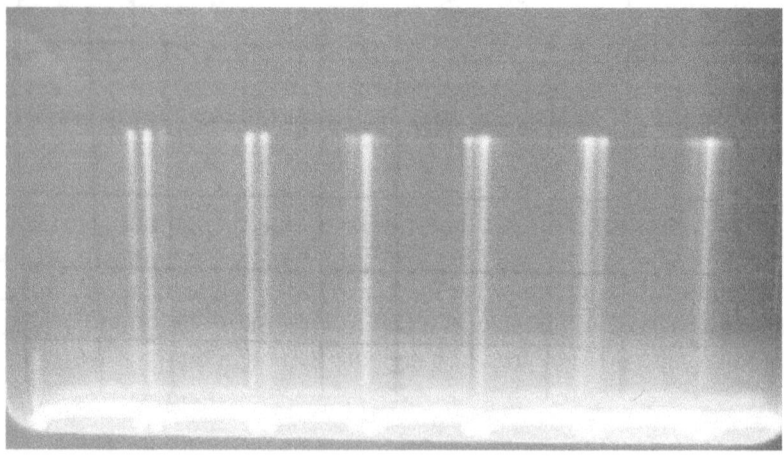

Der Versuch ist übrigens nicht ganz ohne Risiko für die LED. Beim Versuch, ihn zu wiederholen, haben zwei weiße LEDs ihren zweiten Durchbruch erlitten. Sie waren danach niederohmig mit Widerständen unter 10 Ohm.

Zum Test habe ich eine der defekten LEDs dann an ein Labornetzgerät gelegt und den Strom kurz bis über 100 mA erhöht. Sie leuchtete. Offensichtlich war die LED nicht auf ihrer ganzen Fläche zerstört. Danach war der innere Kurzschluss verschwunden, die LED also repariert, indem vermutlich der kurzgeschlossene Bereich durchgebrannt wurde. Dasselbe gelang dann auch mit der zweiten LED.

5.7 Messung am geschlossenen Transistor

Ein Transistor wie der BC337 sitzt im Plastikgehäuse und kann nicht ohne Zerstörung geöffnet werden. Aber es gibt trotzdem eine Möglichkeit, die Lichterzeugung nachzuweisen. Prof. Martin Oßmann hat in Elektor einmal den passenden Versuch dazu vorgestellt. (Trick.e, Frage im Heft 5/2005, Auflösung in 7,8/2005, S. 131). Die BE-Strecke im Durchbruch erzeugt das Licht, während die BC-Diode des gleichen Transistors als Fotoelement eine Spannung abgibt. Mit einem DVM mit einem Innenwiderstand von 10 MOhm wurde eine Spannung von 0,25 V gemessen.

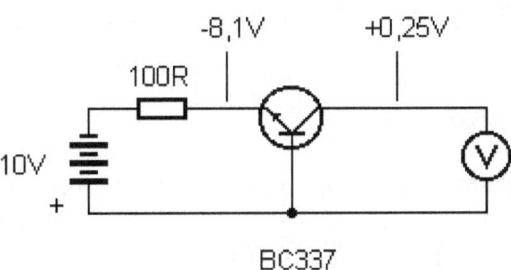

6 Messung ionisierender Strahlung

Der Fotoeffekt ist ja hier schon in unterschiedlichen Zusammenhängen aufgetaucht. Man kann vermuten, dass jeder Sensor, der auf Licht reagiert, ebenso auf kurzwelligere und energiereichere Strahlung reagieren sollte. Eine Fotodiode sollte also auch Röntgen- und Gammastrahlung erkennen. Das Problem ist nur, dass zwar normalerweise viele Licht-Photonen auftreffen, aber nur vereinzelte Gamma-Photonen. Ein einzelnes Lichtquant zu detektieren, ist fast unmöglich, aber ein einzelnes Gammaquant löste viele Elektronen aus und kann leichter gemessen werden.

Ähnlich verhält es sich mit Beta-Strahlen, also schnellen Elektronen, und mit Alpha-Strahlen, also energiereichen Helium-Kernen. Beide sind zwar keine Photonen, aber aufgrund ihrer hohen Energie befreien sie ebenfalls Elektronen aus dem Gitter. Die größte Wirkung haben Alpha-Teilchen, die aufgrund ihrer hohen Energie von einigen MeV eine große Zahl von Ladungsträgern befreien.

Die Wirkung ionisierender Strahlung kann man in Gas, in Flüssigleiten und beim Aufschlag auf Metalle oder Halbleiter beobachten. Die ersten Beobachtungen wurden mit Elektrometern gemacht, die sich bei Anwesenheit der Strahlung entladen. Empfindlichere Messungen gelingen mit Geigerzählern oder mit Halbleiter-Detektoren.

6.1 Strahlungsmessung mit BPW34

Die Fotodiode BPW34 kann zur Messung der Radioaktivität eingesetzt werden. Ein Bauteil für unter einem Euro als Strahlungsdetektor, das macht Spaß. Deshalb wollte ich das mal probieren. Das Bild zeigt meinen ersten funktionierenden Probeaufbau. Auf der Fotodiode ist mit Tesafilm ein kleines Stückchen eines radioaktiven Minerals (Uran-Pechblende) befestigt. Die Signale sind sehr klein. Deshalb musste ich den Verstärker optimieren und alles abschirmen. Außerdem muss der ganze Aufbau sorgfältig verdunkelt werden. Am Oszilloskop sieht man dann für jedes Ereignis einen Peak. Mit diesem Aufbau konnte auch getestet werden, dass die Strahlung eine Alufolie durchdringen kann.

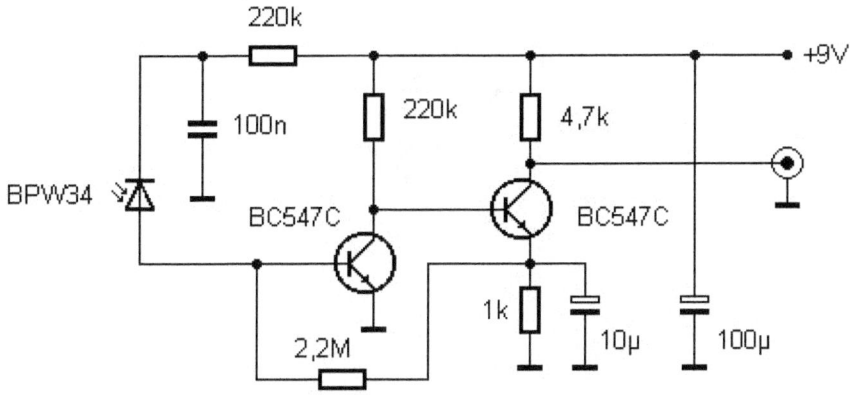

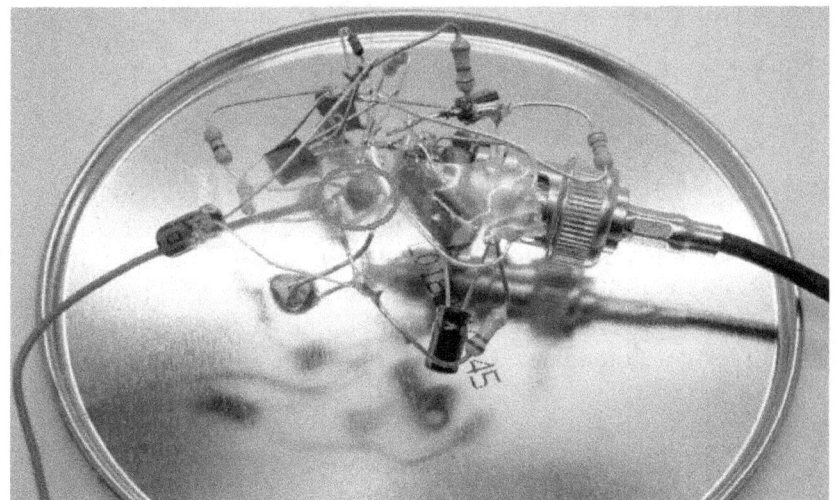

Dieser Verstärker reicht aus, um Peaks bis über 100 mV zu liefern. Alles wurde dann auf einen Streifen Lochrasterplatine gebaut. Die Fotodiode steht allein auf der Rückseite. Alle anderen Bauteile liegen kompakt auf der Bestückungsseite.

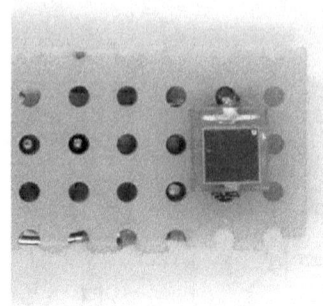

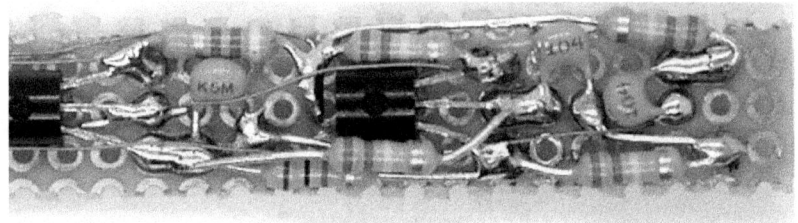

Die gesamte Schaltung muss dann isoliert und mit Alufolie umwickelt werden. Die Alufolie wird mit an Masse gelegt, damit alles gegen elektrische Störungen von außen abgeschirmt ist. Rechts erkennt man den Abdruck der Fotodiode. Hier muss die Probe angenähert werden.

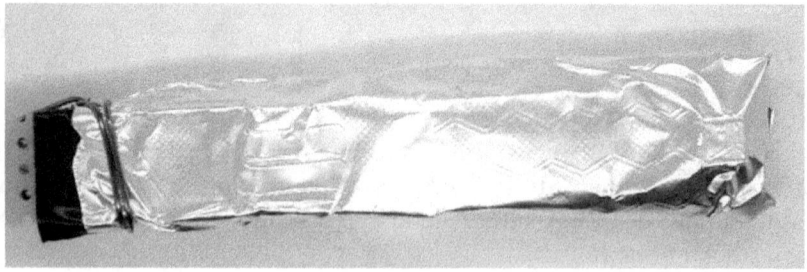

Und so sieht das Ausgangssignal ohne eine radioaktive Probe aus, es kommt nur ein gleichmäßiges Rauschen:

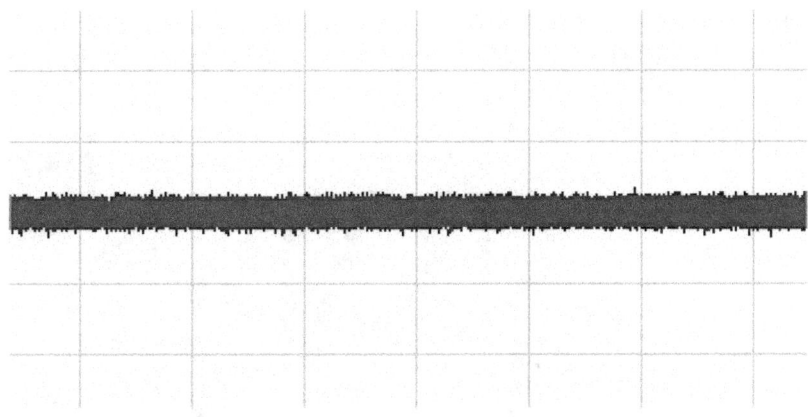

Ganz anders mit einer Probe. Nun sieht man positive Impulse, die sogar die Energie der einzelnen Ereignisse zeigen. Das leichte Überschwingen nach unten wird durch den einfachen Sensorverstärker verursacht. Sicher gibt es am Verstärker und an den Auswertemethoden noch einiges zu verbessern und zu entwickeln.

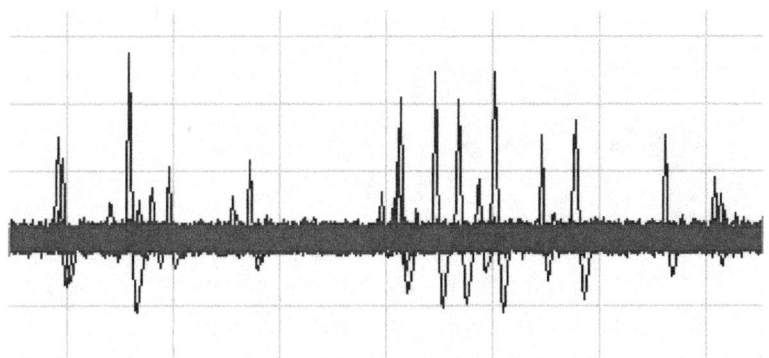

6.2 Strahlungsmessung mit der Webcam

Ein interessanter Versuch aus dem Buch „Experimente mit selbst gebauten Geigerzählern, Funken- und Nebelkammern" von Thomas Rapp beschreibt den Einsatz einer Webcam. Dabei wurde vorsichtig die Glasabdeckung des Sensors entfernt, der dadurch für Alpha-Teilchen empfindlich wurde. Das wollte ich auch einmal probieren! Auf der Suche nach einer geeigneten Kamera bin ich auf meine alte Webcam von Logitech gestoßen, die ich für den Versuch opfern konnte.

Leider war es bei diesem Bildsensor nicht möglich, die Glasabdeckung zu entfernen ohne den Chip zu zerstören. Ich wollte aber ohnehin mal testen, ob es auch mit der Abdeckung geht. Denn theoretisch sollte der Chip ja auch Gamma- und Betastrahlen "sehen" können. Auf der Platine war eine grüne LED. Sie hätte den Versuch gestört und wurde deshalb ausgelötet.

Also habe ich eine radioaktive Probe (Pechblende-Steinchen) direkt auf die Scheibe gelegt, dann alles sorgfältig abgedunkelt und die Software auf maximale Helligkeit, maximalen Kontrast und Restlichtverstärkung eingestellt. Und siehe da, es funktioniert! Man sieht leuchtende Pixel und teilweise auch Teile der Teilchenbahnen. Zum Test habe ich auch ohne Probe gemessen, das Ergebnis war absolute Dunkelheit.

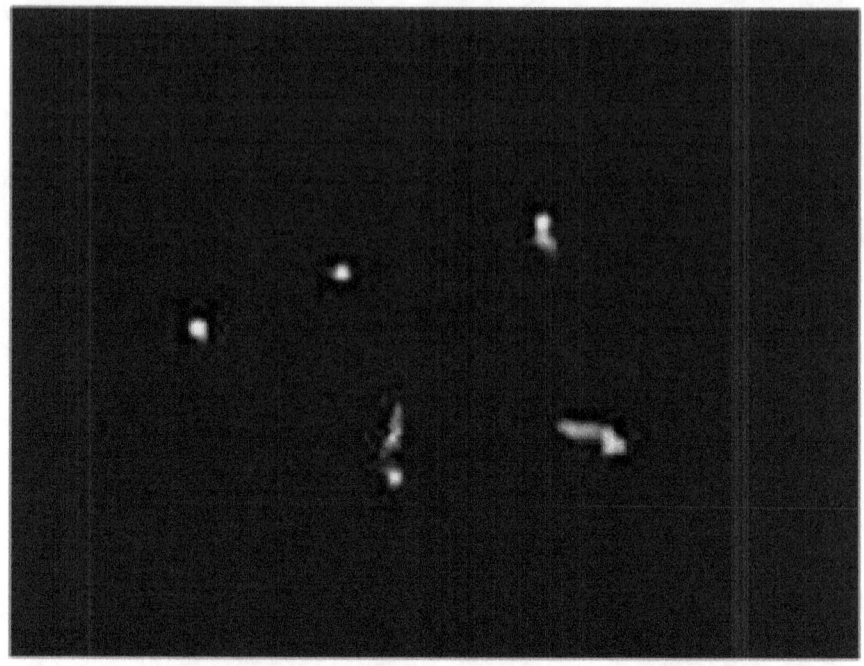

(Mehrere Ereignisse aus dem Film zusammenkopiert und vergrößert)

Die Bahnen zeigen anscheinend Beta-Teilchen. Plötzliche Richtungsänderung entsteht durch Stöße der Elektronen an Kernen. Diese Bahnen sind überwiegend rötlich. Anscheinend zeigt die Webcam helle Ereignisse in Weiß, schwächere in Rot. Wenn z.B. ein Beta-Teilchen nur ein Pixel trifft, verliert es dort seine ganze Energie. Man sieht einen weißen Punkt. Wenn es aber an einem Kern zufällig zur Seite gestreut wird, durchwandert es mehrere Pixel und verteilt seine Energie. Man sieht dann eine rötliche Bahn. Offen ist noch, ob vielleicht nur Beta-, aber keine Gammastrahlung sichtbar wird.

Phänomene der Elektronik

6.3 Alphastrahlung mit BC140 und BUZ45 messen

Nach Versuchen von Alan Yates eignen sich manche Leistungstransistoren als Alpha-Teilchendetektoren. Dazu muss man die Metallhülle der TO3-Transistoren öffnen. Allerdings ist der Chip manchmal zusätzlich mit einer Art Klarlack geschützt. Das ist der Grund, warum es mit meinen Transistoren nicht funktioniert hat.

Anders ist es beim geöffneten BC140 im TO5-Gehäuse. Hier liegt der Chip wirklich blank. Und mit diesem Typ konnte ich ganz deutlich die Impulse der Alpha-Teilchen sehen. Die BE-Diode und die BC-Diode wurden parallel geschaltet. Die Spannung muss unterhalb der BE-Durchbruchspannung bleiben.

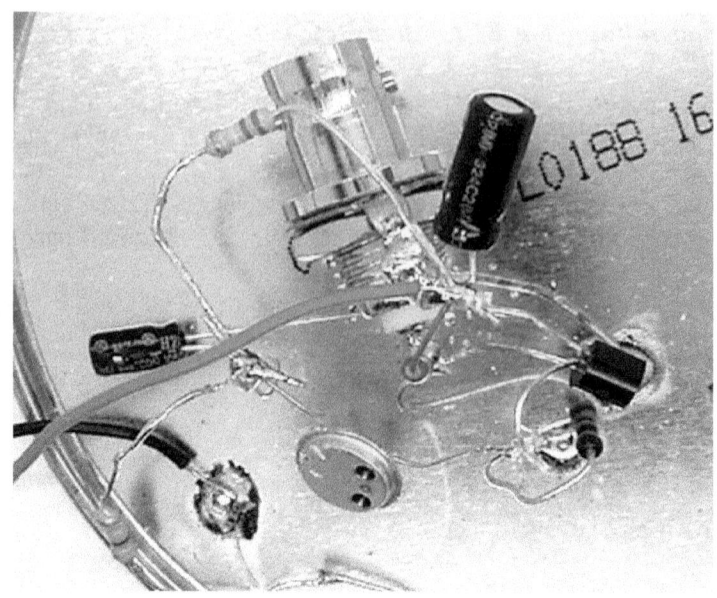

Diesmal reicht ein Transistor für ausreichende Verstärkung. Man muss nicht einmal stark verdunkeln, denn die Impulse sind wesentlich größer als die der Fotodiode mit Gammastrahlen. Am Kollektor findet man Alpha-Impulse bis etwa 20 mV. Allerdings ist die aktive Fläche des BC140 sehr klein. Es kommen daher nur sehr wenige Ereignisse. Das Testobjekt war hier wieder Uran-Pechblende.

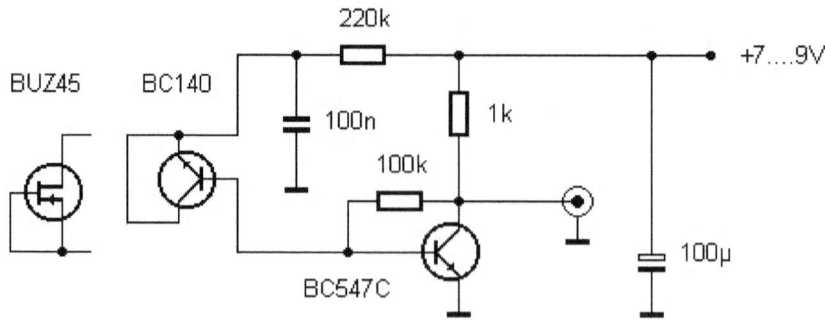

Auf der Suche nach einem Sensor mit mehr Fläche ist mir der Power-FET BUZ45 im TO3-Gehäuse in die Hände gefallen. Nach dem Öffnen musste ich feststellen, dass der Chip mit weichem Silikon überzogen war. Keine Reaktion auf Alpha! Dann habe ich versucht, die Schutzschicht zu entfernen. Es klebte fürchterlich und hat sich sehr gewehrt. Ich wurde entsprechend energischer und am Schluss war mir alles egal. Da habe ich mit einer Klinge auf dem Chip herumgekratzt. Ich war mir sicher, jetzt ist alles kaputt. Die Gate-Metallisierung hat ernste Kratzer abbekommen und der Gate-Anschluss wurde zerstört, aber der Rest hat es überlebt. Die aktive Fläche ist jetzt die Drain-Source-Diode. Und tatsächlich, der BUZ45 ist jetzt empfindlich für Alpha-Teilchen! Die Gate-Metallisierung bewirkt zugleich eine Dämpfung für normales Licht, so dass man auf eine Verdunklung verzichten kann.

Dann habe ich den BUZ45-Sensor zusammen mit zwei Transistoren und einem NE555 auf eine Batterie montiert. Das Ergebnis ist ein Alpha-Zähler mit akustischer Ausgabe über einen Piezo-Schallwandler. Der NE555 verlängert die sehr kurzen Impulse und macht sie damit hörbar. Außerdem arbeitet die Schaltung als Komparator. Das Rauschen wird wirksam unterdrückt.

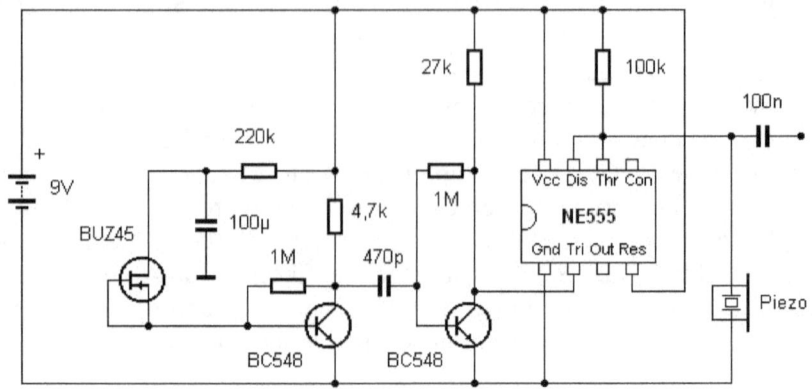

Die Probe kann direkt auf den Sensor gelegt werden. Und man kann auch Versuche mit Abschirmungen machen. Es handelt sich tatsächlich um Alpha-Teilchen, denn bereits ein Blatt Papier lässt praktisch nichts mehr durch. Durch Alu-Haushaltsfolie kommen immerhin noch ein paar Teilchen.

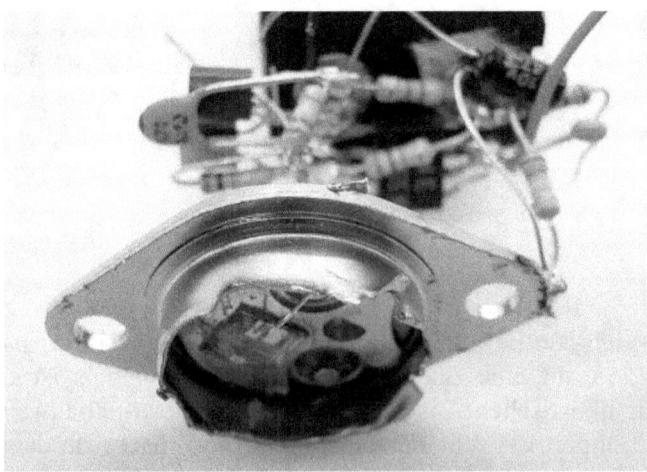

6.4 Eigenbau-Zählrohr

Im Internet findet man viele Schaltungen für Geiger-Müller-Zähler. Ein übliches Zählrohr arbeitet ähnlich wie eine Glimmröhre, aber bei etwa

400 V. Ein Gammastrahl oder ein Alpha- oder Betateilchen ionisieren das Gas und leiten eine Glimmentladung ein, die jedoch sofort wieder verlöscht. Ein Zählrohr kann man auch selbst bauen. Hier wird gezeigt, wie es geht.

Das Zählrohr wurde aus dem Metallgehäuse eines Schutzgas-Relais gebaut. Im Boden waren bereits isolierende Glasdurchführungen vorhanden. An eine wurde ein Silberdraht mit einer Dicke von 0,8 mm gelötet. Am Ende des Drahtes sorgt eine kleine Lötzinnkugel dafür, dass es zu keiner ungewollten Spitzenentladung kommt. Boden und Hülle wurden dann wieder verlötet. In das Gehäuse wurde außerdem ein kleines Loch gebohrt. An dieser Stelle wurde ein Röhrchen aufgelötet.

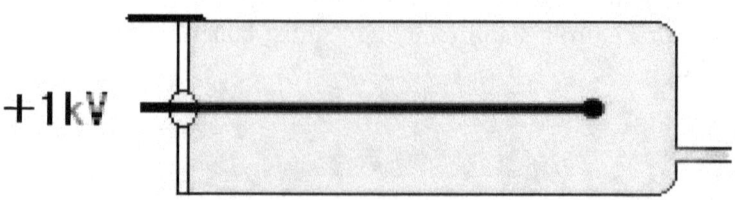

Das wichtigste an einem Zählrohr ist die richtige Gasfüllung. Üblicherweise nimmt man Helium-Neon mit einem Zusatz von Alkohol als Löschgas. Es geht aber auch mit verdünnter Luft. Der richtige Unterdruck wurde wie in einem Einmachglas hergestellt: Durch das Röhrchen wurden einige Tropfen Feuerzeugbenzin eingefüllt. Dann wurde das ganze Zählrohr mit einem starken Lötkolben erhitzt. Oben trat Benzingas aus und wurde angezündet, um zu sehen wann alles verdampft war. Genau in dem Moment, als die Flamme ausging, wurde das Loch des Röhrchens zugelötet. Beim Abkühlen kondensierte das restliche Benzin und sorgte für einen Unterdruck. Die Gasfüllung aus verdünnter Luft und Benzin als Löschgas ist viele Jahre stabil geblieben. Das Zählrohr funktioniert auch noch nach mehr als 20 Jahren.

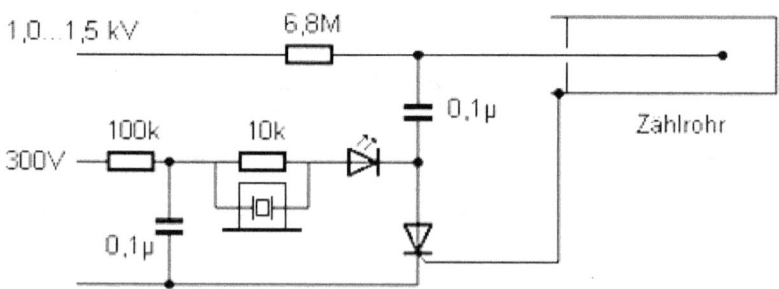

Leider braucht das Eigenbau-Zählrohr wegen des Arbeitsgases Luft wesentlich mehr Spannung als ein gekauftes mit Helium-Neon-Füllung. Die richtige Spannung muss individuell ausprobiert werden. Außerdem funktioniert die Selbstlöschung nicht so zuverlässig. Deshalb wurde eine aktive Löschschaltung mit einem Thyristor verwendet. Bei jedem

Zählimpuls wird die Arbeitsspannung um ca. 300 V verringert. Der Thyristor ist gleichzeitig der Verstärker für den Piezo-Lautsprecher und eine LED. Die Erzeugung der Hochspannung soll hier nicht im Detail gezeigt werden, weil die verwendete Kaskade direkt am Lichtnetz nicht den Richtlinien für die elektrische Sicherheit entspricht

Der Geigerzähler hat eine Nullrate von ca. 3 Impulsen pro Minute. Sie ist hauptsächlich auf die energiereiche Höhenstrahlung zurückzuführen. Wenn man eine radioaktive Quelle nähert, knackt es entsprechend häufiger. Meine alte Taschenuhr bringt es auf ca. 60 Impulse pro Minute. Das Radium in der Leuchtfarbe wird heute nicht mehr verwendet. Früher war man sich der Risiken der Radioaktivität noch nicht so bewusst.

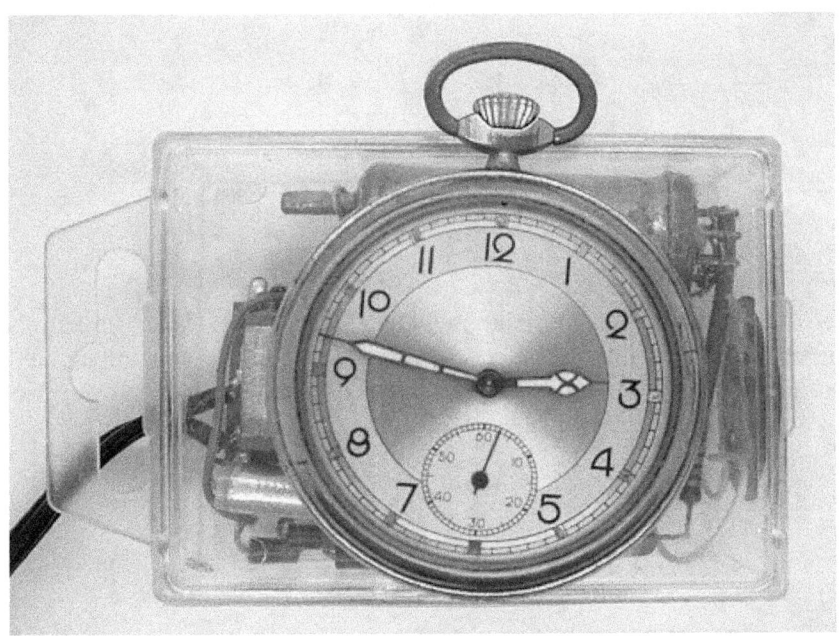

6.5 Ionisationskammern

Eigentlich hatte ich immer geglaubt, mit einer Ionisationskammer kann man zwar die durchschnittliche Strahlendosis messen, nicht aber einzelne Ereignisse. Nun wollte ich es auch mal ausprobieren. Und weil ich im Zusammenhang mit Gammazählern und Fotodioden gute Erfahrungen mit Darlingtonstufen gemacht habe, habe auch hier diesen Verstärkertyp eingesetzt. Er hat auch den Vorteil, dass die Messkammer auf Massepotential liegen darf.

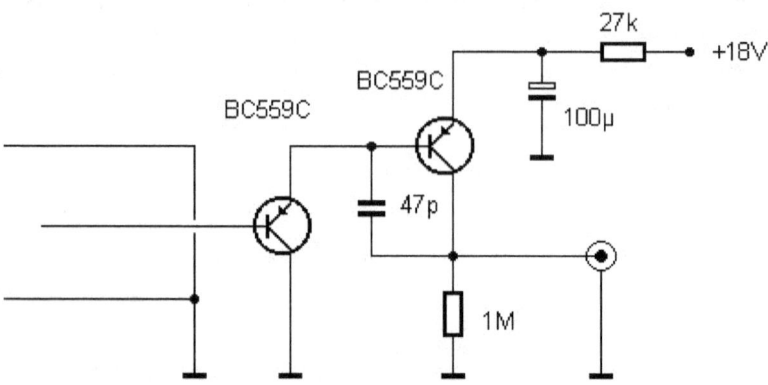

Den Versuch habe ich in meine bewährte Blechdosen-Abschirmkammer eingebaut. Wenn ich den Deckel schließe, kommen von außen keine Störungen durch. Hier das Ergebnis einer Leerlaufmessung. Man sieht ein Rauschen mit ca. 10 mVss.

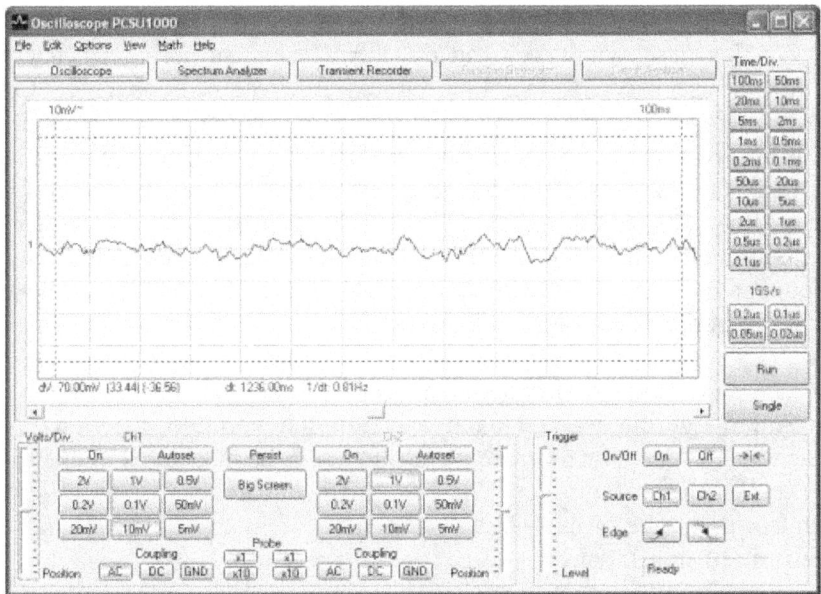

Und hier die Messung mit einer alten Armbanduhr:

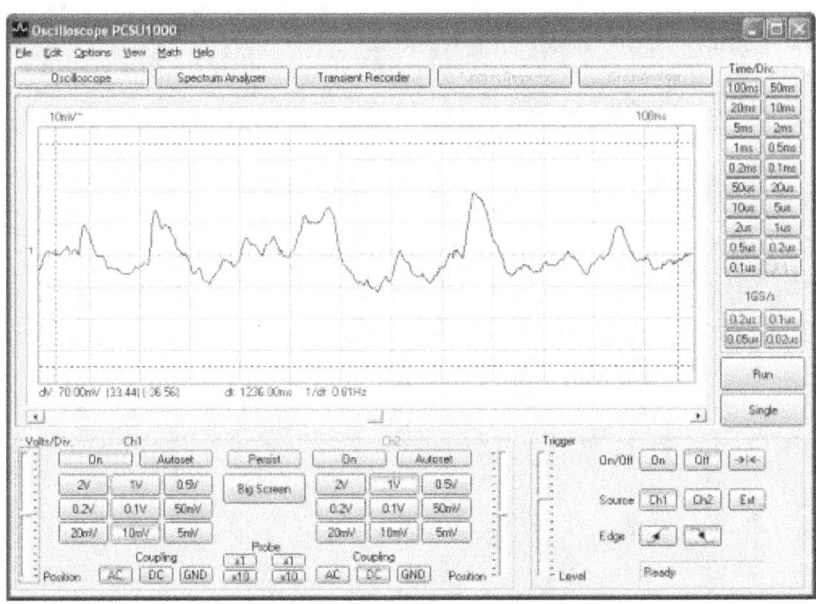

Die Alphateilchen erzeugen Signale, die relativ steil um bis zu 20 mV ansteigen und etwas flacher wieder abfallen. Es fällt allerdings auf, dass die Anstiegsgeschwindigkeit mit ca. 1 mV/ms recht gering ist. Richtig steile Impulse wie bei einer Fotodiode werden nicht beobachtet. Liegt das an dem extrem hochohmigen Verstärker? Versuche mit kleinerem Eingangswiderstand brachten überhaupt kein Signal mehr. Daraus ziehe ich den Schluss, dass es an der geringen Diffusionsgeschwindigkeit der Ionen liegt. Es dauert tatsächlich mehr als 10 ms, bis alle Ionen eingesammelt sind. Das bedeutet zugleich, dass keine sehr hohen Impulsraten gemessen werden können. Aber die Methode ist gut für die Messung geringer Aktivitäten geeignet.

Bei den Versuchen kam manchmal der Eindruck auf, dass die Aktivität am Anfang gering ist und dann ansteigt. Ich vermute, dass das vom Leuchtzeiger der Uhr ausgehende Radon sich nach dem Schließen des Deckels langsam in der Messkammer ausbreitet. Dann werden hauptsächlich die Alpha-Zerfallsereignisse registriert, die nahe am Sensordraht stattfinden.

Ionisationskammer im E27-Lampensockel

Damit der Sensor in eine Lampenfassung eingebaut werden kann, muss die Schaltung etwas modifiziert werden.

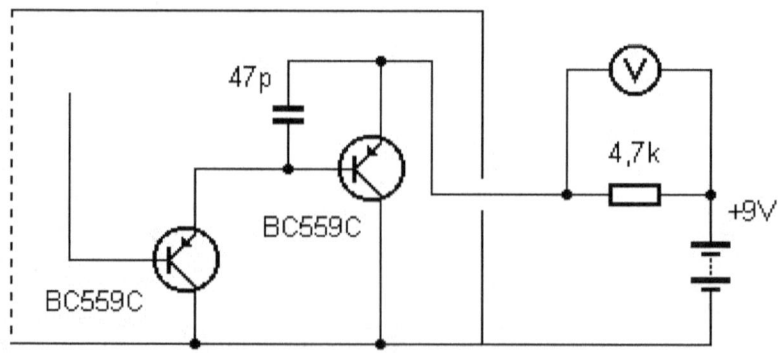

Phänomene der Elektronik

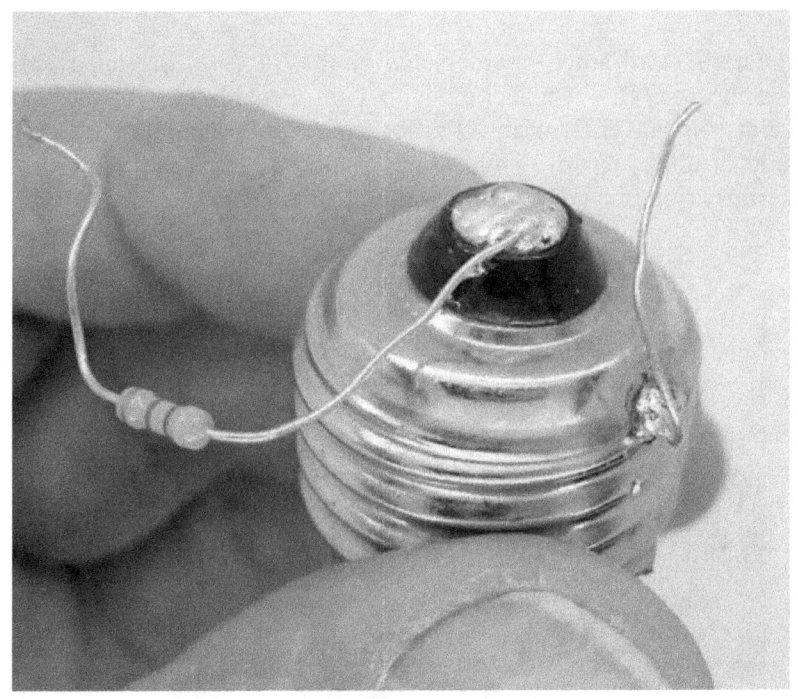

Im Leerlauf wird am Lastwiderstand von 4,7 k eine Spannung von 10 mV gemessen. Bei Annäherung von Uran-Pechblende können wieder einzelne Alpha-Teilchen am Oszilloskop erkannt werden. Ein AM241-Strahler aus einem Ionisations-Rauchmelder verdoppelt den Ausgangsstrom und erhöht die Spannung auf 20 mV

Ein Drahtgitter schützt den Sensor vor äußeren Störungen durch elektrische Felder. Etwa die Hälfte aller Alpha-Teilchen kommt noch durch. Am Ausgang wird eine Spannung von 15 mV gemessen, wenn das AM241-Preparat angenähert wird.

7 Hautwiderstand und Hautkapazität

Was haben Speicherkondensatoren mit Drähten in Wasser und Fingern auf Metalloberflächen zu tun? Ich bin zwar schon vor vielen Jahren schon mal auf seltsame Effekte in diesem Umfeld gestoßen, aber es hat lange gedauert, bis ich die Zusammenhänge erkannt habe.

Damals wollte ich Holzfeuchtigkeit über eingesetzte Edelstahlschrauben messen. Die Kontakte änderten aber schnell ihre Eigenschaften, so dass weniger Strom floss. Die beiden Kontakte konnten sogar aufgeladen werden, und ich konnte nach einigen Sekunden noch eine Spannung nachweisen. Für mich habe ich das dann eine „Holzbatterie" genannt. Später erst habe ich verstanden, dass es mit einer Wassermolekül-Doppelschicht zu tun hat, die einen Doppelschichtkondensator bildet. Aber jetzt erst habe ich die Sache mit weiteren Messungen für mich geklärt.

7.1 Messung der Hautimpedanz

Ausgangspunkt der Messungen war die Entwicklung eines Leitfähigkeitsmessers mit einem Mikrocontroller. Dort hatte ich mit Wechselspannung gemessen, genauer gesagt mit einem kurzen positiven Impuls und einem nachfolgenden gleich kurzen negativen Impuls. Das Ergebnis waren erstaunlich gute Leitfähigkeiten. Ein normales Multimeter zeigt einen Widerstand um 1 MOhm zwischen beiden Kontaktelektroden. Aber der Mikrocontroller kommt auf rund 10 kOhm.

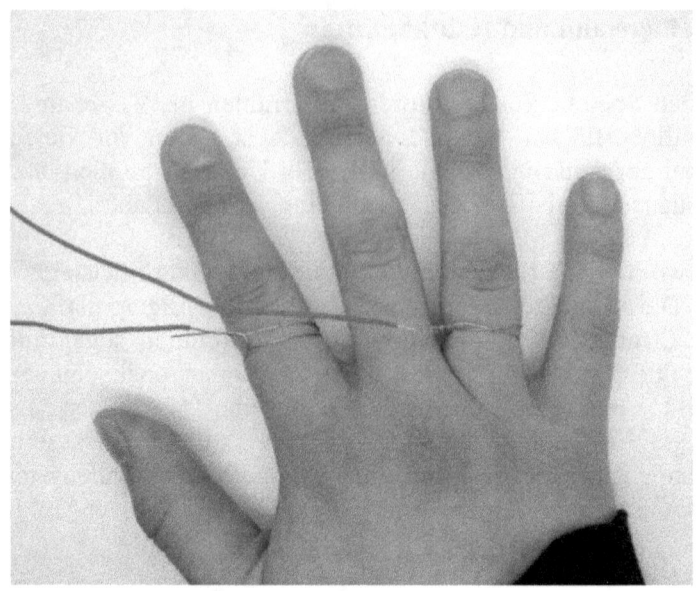

Wenn ich im Internet nach diesem Thema suche, finde ich sehr schnell, dass der Hautwiderstand frequenzabhängig ist. Je höher die Frequenz, desto größer wird die Leitfähigkeit. Außerdem sinkt der Widerstand mit steigender Spannung. Solche Untersuchungen wurden aus unterschiedlichen Motivationen durchgeführt. Einmal geht es um die Gefahren des elektrischen Stroms. Es wird untersucht, welcher Strom unter welchen Bedingungen durch den Körper fließen kann. Dabei kommt heraus, dass der innere Widerstand von Hand zu Hand nur wenige kOhm beträgt, und dass der Hautwiderstand entscheidend ist. Bei großen Wechselspannungen wird der Übergangswiderstand sehr klein, sodass der innere Widerstand entscheidend wird. Stromschläge sind deshalb gefährlicher als es das Ohmmeter vermuten lässt.

Die andere Zielrichtung solcher Untersuchungen liegt im medizinischen Umfeld. Man will wissen, wie EKG-Elektroden arbeiten oder welche Schlüsse man aus dem Körperwiderstand ziehen kann. Dabei kommt heraus, dass der Übergangswiderstand während der Untersuchung sich mit der Zeit ändern kann und dass man ihn mit einer Salzlösung beeinflussen kann. Der Eindruck bleibt, dass die Haut ein sehr komplexes Bauteil ist.

Was mich aber eigentlich interessiert, ist ein für kleine Signale brauchbares Ersatzschaltbild. Bisher bin ich immer von einem Widerstand in der Größenordnung 100 k bis 1 M ausgegangen, was aber offensichtlich nur für den Gleichstromfall bei kleinen Spannungen bis ca. 9 V stimmt. Bei Wechselspannung verhält sich die Haut offenbar anders. Also habe ich meinen Sinusgenerator eingeschaltet und einen Spannungsteiler aus zwei Fingern und einem Festwidertand mit 10 kΩ gebaut.

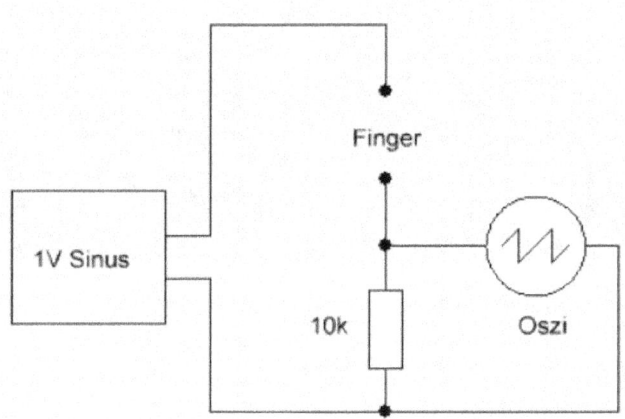

Bei der Messung mit kleinen Spannungen um 1 V kam heraus, dass der Stromverlauf dem unverzerrten Sinus folgt. Aber die starke Frequenzabhängigkeit konnte bestätigt werden. Zwischen 1 kHz und 10 kHz sank die Impedanz etwa um den Faktor 10. Die Hand mit den beiden Drahtelektroden verhielt sich also ähnlich wie ein Kondensator. Vergleiche mit verschiedenen Kondensatoren aus der Bastelkiste zeigten, dass ein Kondensator mit 3,3 nF sich sehr ähnlich verhielt.

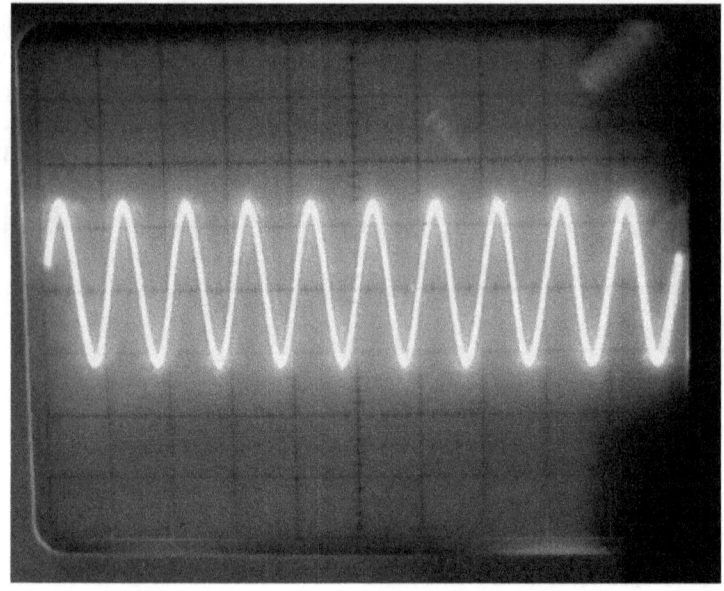

Die ganze Messung lässt sich vereinfachen, wenn man mit einem Rechtecksignal misst. Dazu habe ich das Testsignal mit 0,2 V und 1 kHz am Oszilloskop verwendet. Was da herauskommt ist keine Wechselspannung, sondern eine pulsierende Gleichspannung. Die Ausgangsspannung ist 0,5 ms lang Null und dann 0,5 ms lang 0,2 V. Man kann das Signal als Gleichspannung von 0,1 V betrachten, die mit einer Rechteck-Wechselspannung von 0,1 V überlagert ist.

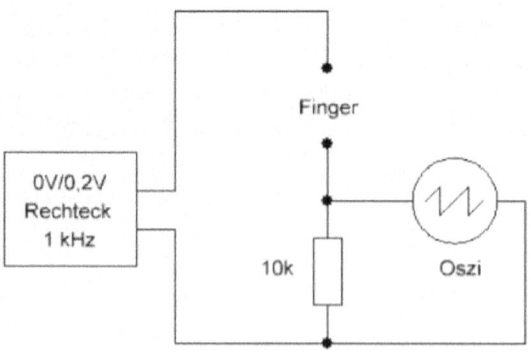

Das Ergebnis sind die typischen Impulse eines RC-Hochpassfilters. Weil das Messsignal auch einen Gleichspannungsanteil hat, kann man erkennen, dass die Gleichstrom-Leitfähigkeit zu vernachlässigen ist, denn sonst wäre das Ausgangssignal deutlich in den Plusbereich verschoben. Damit ist also bestätigt: Die Haut verhält sich mit zwei Drahtelektroden wie ein Kondensator mit wenigen Nanofarad. Parallel liegt ein hochohmiger ohmscher Widerstand von rund 1 MΩ.

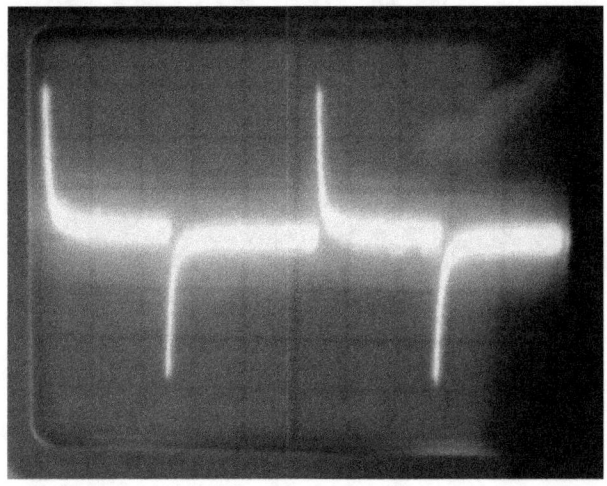

Die große Kapazität von einigen Nanofarad bei der sehr kleinen Kontaktfläche der Drähte hat mich zu der Vermutung gebracht, dass hier tatsächlich ein Doppelschicht-Kondensator gebildet wird. Die Hautfeuchtigkeit bringt einen Wasserfilm auf die Kupferfläche. An der Übergangsfläche bildet sich dann die Doppelschicht aus polarisierten Wassermolekülen. Das wäre also genau das Prinzip eines Superkondensators, bei dem man durch eine Graphit-Beschichtung für eine besonders große Übergangsfläche sorgt. Ein solcher Kondensator kann auch mit zwei Kupferdrähten in reinem Wasser gebildet werden.

Die Messschaltung blieb gleich. Für vergleichbare Ergebnisse durfte ich die Drähte nur etwa einen Millimeter tief in das Wasser eintauchen.

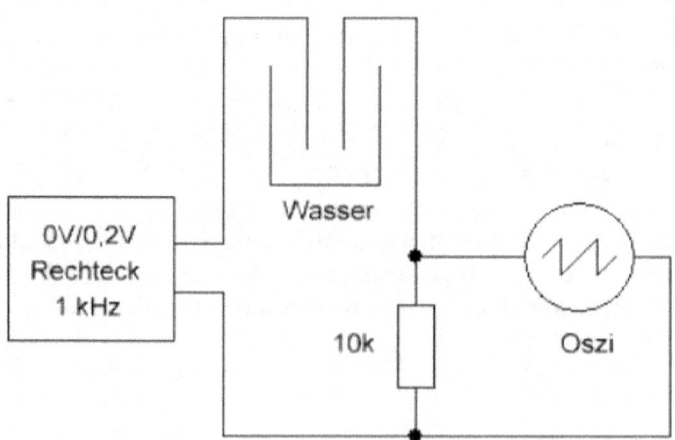

Man sieht deutlich, dass mein Wasserglas mit zwei Elektroden eine größere Kapazität hat als meine Hand. Man könnte die Kapazität aus der

Kurve berechnen. Aber ein Vergleich tut es auch. Der Wasserkondensator hat ungefähr die gleiche Wirkung wie ein Folienkondensator mit 47 nF. Und das schon bei der sehr kleinen Fläche bei nur rund 1 mm tief eingetauchten Elektroden. Also wenn ich mal größere Kapazitäten brauche, ist das kein Problem.

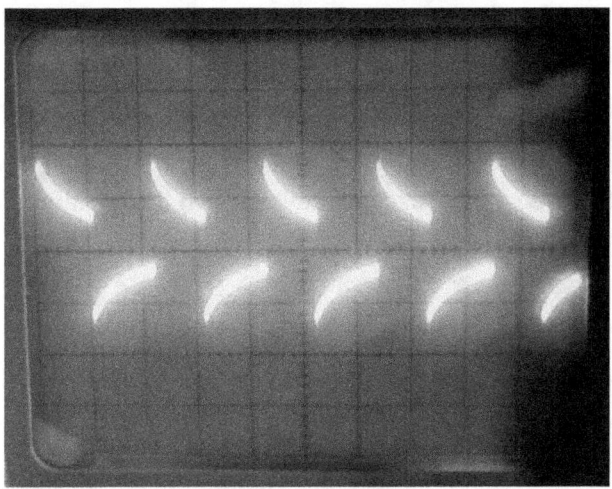

Hiermit steht mein Ergebnis fest. Die Impedanz von zwei Fingern mit Drahtkontakten entspricht der der folgenden Ersatzschaltung:

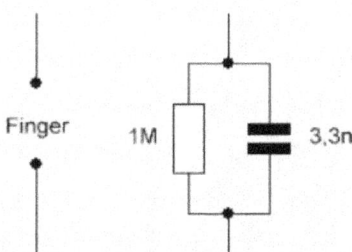

Das stimmt allerdings nur gegen 11 Uhr vormittags nach drei Tassen Kaffee und zweiminutigem Händewaschen mit reichlich Seife sowie gründlichem Abspülen und Trocknen. Bei allen anderen Bedingungen ist mit erheblichen Abweichungen zu rechnen. Aber ganz grob kann man sagen, dass mit steigender Hautfeuchtigkeit der ohmsche Widerstand sinkt und die Kapazität steigt.

7.2 Der Finger-Kondensator

Diese Schaltung mit zwei Transistoren bildet einen einfachen Rechteckgenerator mit einer Frequenz von ca. 5 kHz. Die Verbindung zur LED führt über mehrere Kontaktstreifen und ist unterbrochen. Wenn ich die Streifen mit dem Finger berühre, geht die LED an. Früher hätte ich gedacht, klar, der Hautwiderstand leitet den Strom durch die LED.

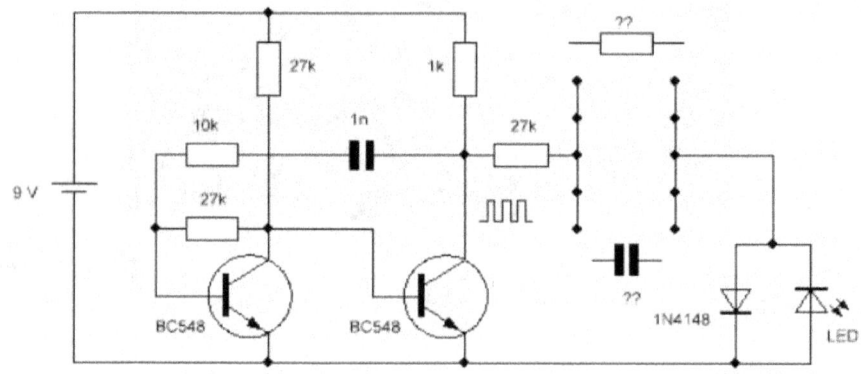

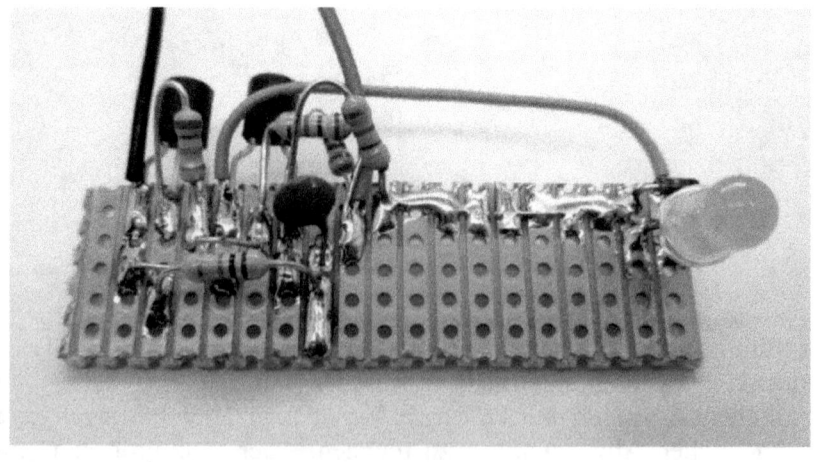

Wenn man sich aber die Schaltung genauer ansieht, erkennt man, dass ein Widerstand das Ergebnis nicht erklärten kann. Die Rechteckspannung wechselt ja zwischen 0 V und ca. 9 V, aber die LED ist mit der Anode an Masse gelegt und braucht eine negative Spannung. Zum Test halte ich verschiedene Widerstände an die beiden Kontakte. Die LED bleibt aus. Strom fließt dann nur über die Si-Diode. Wenn ich aber einen Kondensator mit einigen Nanofarad an die Kontakte lege, geht die LED an. Über den Kondensator fließt ein Wechselstrom. Die negative Phase lässt die LED leuchten.

Mein Finger hat also die gleiche Wirkung, wie ein Kondensator. Dafür gibt es nur eine Erklärung: Ich bin eine Kapazität! Aber ich lade hiermit alle zu dem gleichen Experiment ein. Jeder bei dem es auch funktioniert, darf sich in den Kreis der Kapazitäten einreihen. Einem Kollegen habe ich den Versuch gezeigt. Er hatte zwar das gleiche Ergebnis, meinte aber, der Versuch zeigt nur, dass er ein Blindwiderstand ist, was sich nicht ganz so gut anhört.

Dass der Finger mit den Metallkontakten tatsächlich eher einen Kondensator als einen Widerstand bildet, wird durch das Oszillogramm bewiesen. Die mittlere Linie zeigt das GND-Potential. Nach oben wird die Spannung durch die Si-Diode auf ca. 0,6 V begrenzt. Deshalb lädt sich mein Fingerkondensator negativ auf und liefert Spannungen bis ca. -2,5 V an die grüne LED.

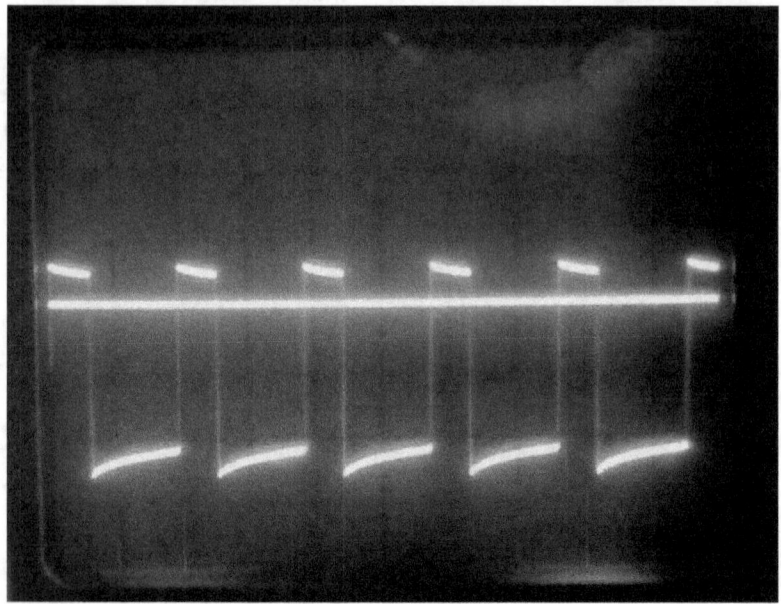

Diese Schaltung sollte beweisen, dass mein Finger ein Kondensator ist. Diesen Effekt hatte ich bei der Untersuchung von Hautimpedanzen entdeckt und führe ihn auf polarisierte Doppelschichten aus Wassermolekülen zurück. In diesem Fall wirkt der Finger je nach Feuchtigkeit wie ein Kondensator von 10 nF und hat daher bei 5 kHz einen kapazitiven Widerstand von ca. 6 kΩ, während das Ohmmeter einen Widerstand von deutlich über 100 kΩ misst.

Aber vermutlich bin ich schon oft über dieses Effekt gestolpert, ohne ihn richtig zu deuten. Immer wenn ich mit den Fingern den Ausgang und den Eingang eines nicht invertierenden Verstärkers berühre, kommt es zu Schwingungen. Oft habe ich mich über die entstehende Frequenz gewundert. Aber sie erklärt sich aus der relativ großen Finger-Kapazität bis zu maximal etwa 100 nF, nicht zu verwechseln mit der Körperkapazität gegen Erde in der Größenordnung von nur ca. 100 pF.

7.3 Die Zweifinger-Orgel

Die Zweifinger-Orgel ist ein Musikinstrument für Könner und ähnlich schwierig zu spielen wie das Theremin. Es handelt sich um einen Oszillator, der über den gesamten Hörbereich abgestimmt werden kann. Die eigentliche Schaltung hat nur zwei Transistoren und vier Widerstände. Damit ein Oszillator daraus wird, fehlt noch ein Kondensator, oder besser ein Drehkondensator mit großem Bereich und großer Kapazität. Und dieser Kondensator wird durch die Fingerkontakte gebildet.

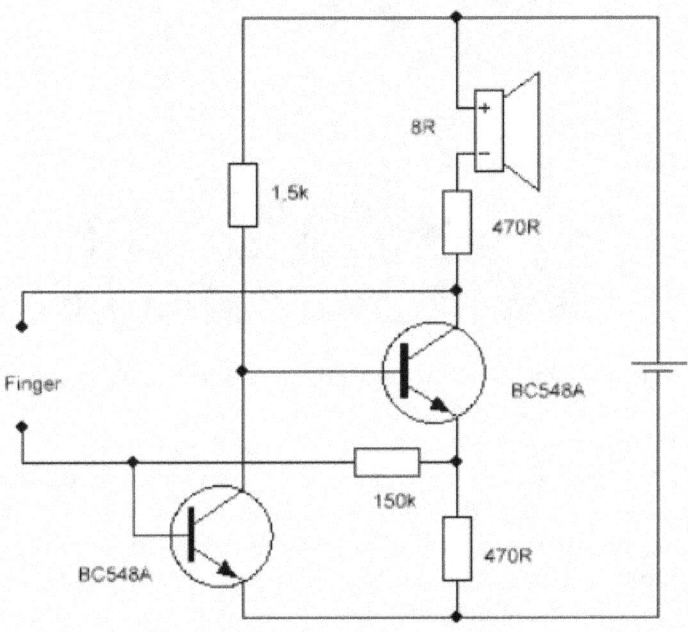

Alles wurde mit der Batterie und einem kleinen Lautsprecher in eine große Tic-Tac-Dose eingebaut. Zwei Drahtringe werden über zwei Finger der gleichen Hand geschoben. Damit hat man einen Finger-Kondensator mit wenigen Nanofarad. Wenn man nun die Finger zusammenzieht, steigt der Druck auf die Drähte und damit die Kontaktfläche, genauer gesagt die Fläche des Kondensators. Dann steigt die Kapazität, und die Frequenz sinkt. Umgekehrt steigt die Frequenz, wenn man die Finger streckt und damit entspannt.

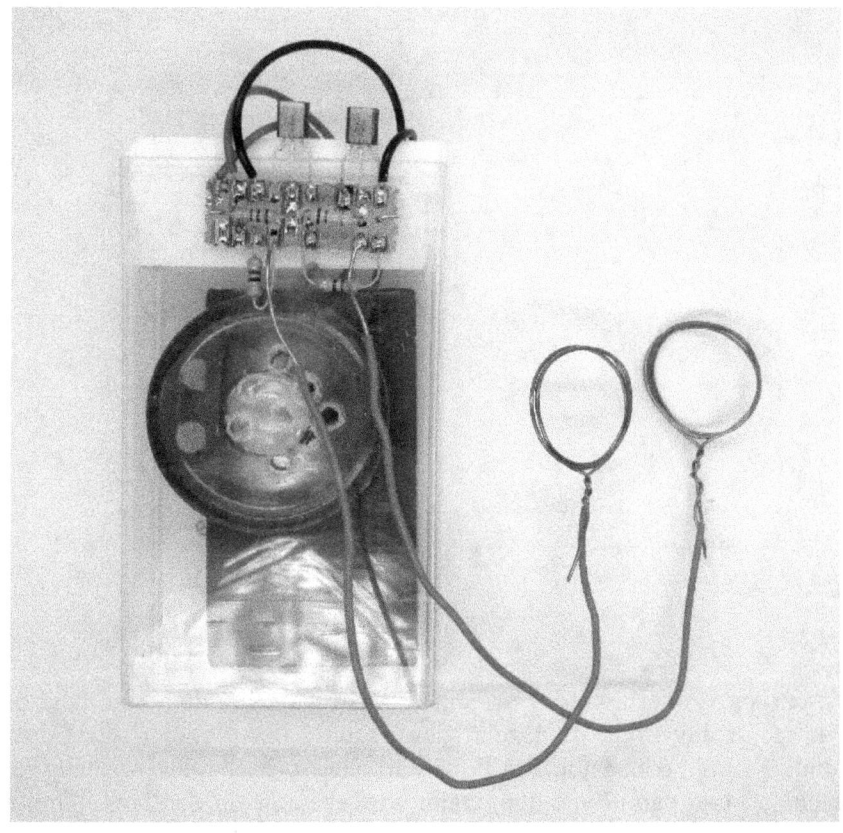

Video: https://youtu.be/FRqpW3YJ1gw

7.4 Berührungssensoren

Eine weitere mögliche Anwendung der Finger-Kapazität ist eine automatische Morsetaste mit Berührungssensoren. Verwendet wird ein Mikrocontroller ATtin85 zusammen mit zwei Touch-Sensoren aus einem Franzis-UKW-Radio. Dort wurden die Sensorströme mit Transistoren verstärkt, es wurde also auf den Hautwiderstand gesetzt. Dabei zeigte sich der Nachteil, dass es ab einer gewissen Verschmutzung zu Fehlfunktionen kommen konnte.

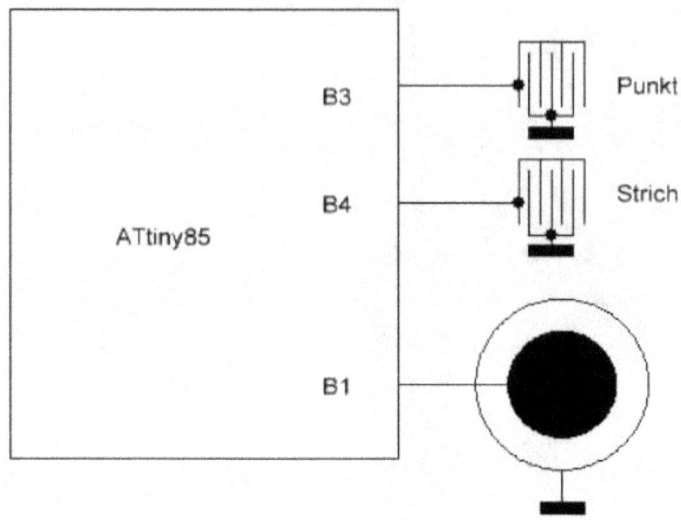

Wesentlich zuverlässiger ist eine Auswertemethode, bei der ein Mikrocontroller die Ladezeit des durch den Finger gebildeten Kondensators beobachtet. Ein Port wird dazu zunächst als Ausgang low geschaltet und damit entladen. Dann wird der Port in den hochohmigen Zustand versetzt und zusätzlich der interne Pullup mit ca. 50 kΩ eingeschaltet. Nun beginnt die Aufladung des Sensorkondensators. Entscheidend ist, wann die Spannung am Port die Schaltschwelle von ca. ½ VCC überschreitet. Für die gegebene Aufgabe reicht es, 10 µs zu warten und dann den Portzustand zu lesen. Wenn dann noch ein Low-Zustand erkannt wird, gilt die Taste als gedrückt.

```
'ELbug mit Berührungssensoren
$regfile = "attiny85.dat"
$crystal = 8000000
$hwstack = 8
$swstack = 4
$framesize = 4
dim n as byte


ddrB = &B00011010
Portb = 0


Do
  DDRB.3 = 0        ' B3 hochohmig
  Portb.3 = 1       ' Pullup
  waitus 10
  if PINB.3 = 0 then  ' nach 10 µs noch low?
    portb.3 = 0
    ddrb.3 = 1
    for n = 1 to 50    ' Punkt ausgeben
    PortB.1 = 1
    waitms 1
    portb.1 = 0
```

```
   waitms 1
   next n
   waitms 100
end if
portb.3=0          ' B3 entladen
ddrb.3 = 1

   DDRB.4 = 0       ' B4 hochohmig
   Portb.4 = 1      ' Pullup
   waitus 10
   if PINB.4 = 0 then   ' nach 10 µs noch low?
     portb.4 = 0
     ddrb.4 = 1
     for n = 1 to 150   ' Strich ausgeben
     PortB.1 = 1
     waitms 1
     portb.1 = 0
     waitms 1
     next n
     waitms 100
   end if
   portb.4=0          ' B4 entladen
   ddrb.4 = 1
   waitus 10
Loop

End
```

8 Laufzeit-Oszillatoren

Jeder kennt RC-Oszillatoren und LC-Oszillatoren. In beiden findet man mindestens einen Kondensator. Oszillatoren ohne Kondensatoren sind weniger bekannt und manchmal auch auf den ersten Blick schwer zu durchschauen.

8.1 Der Ring-Oszillator

Der Ring-Oszillator besteht aus einer geschlossenen Kette invertierender Verstärkerstufen. Man kann drei, fünf, sieben oder neun Stufen verwenden, es kommt nur darauf an, dass es eine ungerade Zahl ist. Der Vorteil dieser Schaltung ist, dass kein Kondensator benötigt wird, sie wird daher gern in integrierten Schaltungen wie z.B. Mikrocontrollern eingesetzt.

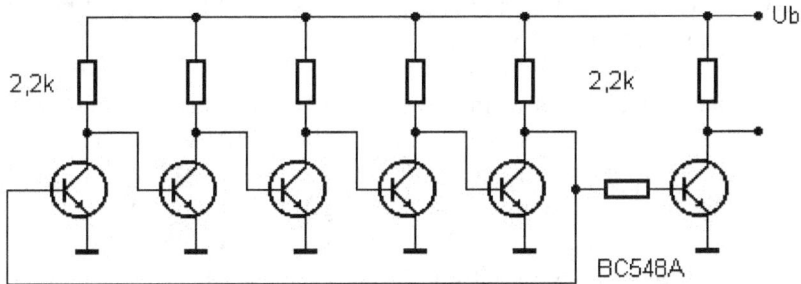

Im Prinzip kandelt es sich insgesamt um einen gegengekoppelten Verstärker, der aber wegen der hohen Gesamtverstärkung ins Schwingen gerät. Hier wollte ich es einmal mit fünf Stufen versuchen. Um den Ring nicht zu beeinflussen, habe ich eine Pufferstufe nachgeschaltet. Alle Widerstände in der Schaltung haben 2,2 kΩ, alle Transistoren sind vom Typ BC548A.

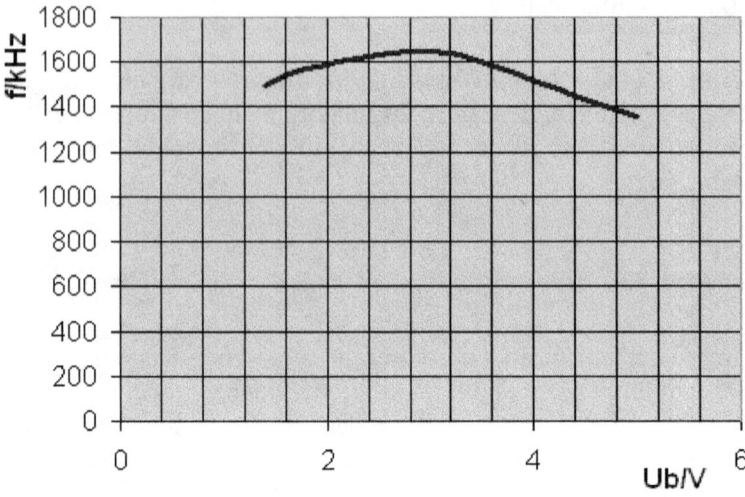

Die erzeugte Frequenz des Oszillators liegt über 1 MHz und ist etwas von der Betriebsspannung abhängig. Ein flaches Maximum findet sich bei Ub = 3,0 V und f = 1650 kHz.

Der Ring-Oszillator kann im weitesten Sinne als Laufzeitoszillator betrachtet werden. Die Signal-Laufzeit aller fünf Stufen beträgt eine halbe Schwingungsperiode, bei 1,65 MHz also gerade 300 ns. Jede einzelne Stufe bringt damit eine Verzögerung von 60 ns. Bei hoher Betriebsspannung wird die Verzögerung etwas länger, weil die Transistoren stärker in die Sättigung gefahren werden.

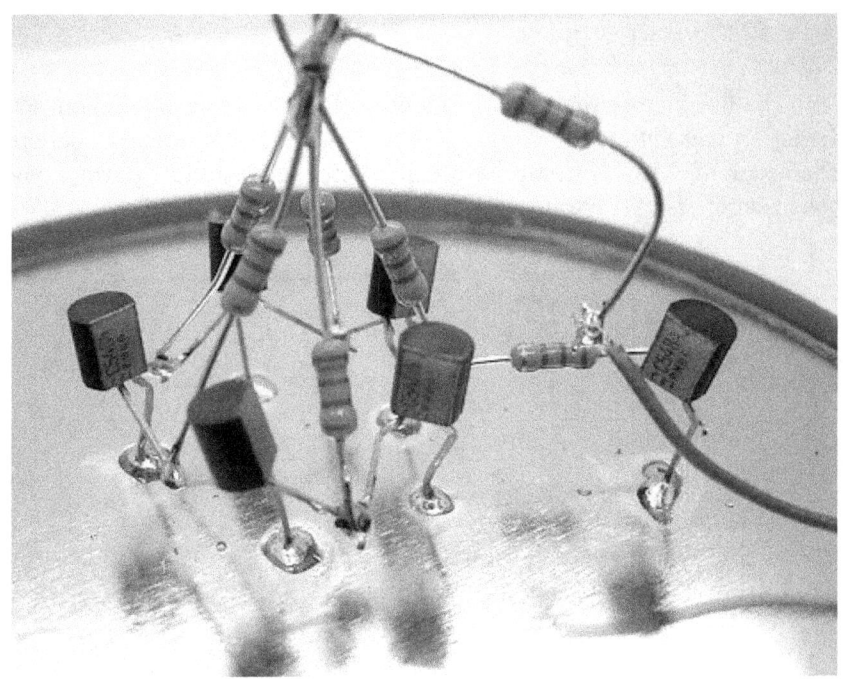

Auch mit CMOS-Invertern kann die Schaltung sinnvoll aufgebaut werden. In dieser Form eignet sich der Oszillator als VCO (Voltage Controlled Oszillator) mit großem Einstellbereich.

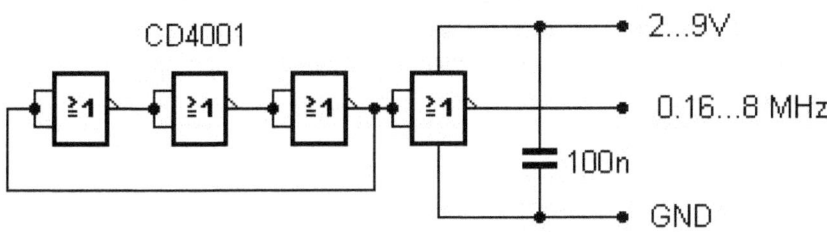

8.2 Der Dreiphasen-Blinker

Wenn man einen einfachen Laufzeitoszillator mit zusätzlichen RC-Gliedern ausstattet, lassen sich die Schwingungen beliebig verlangsamen. Im Prinzip ist dies die erweiterte Form eines Phasenschieber-Oszillators.

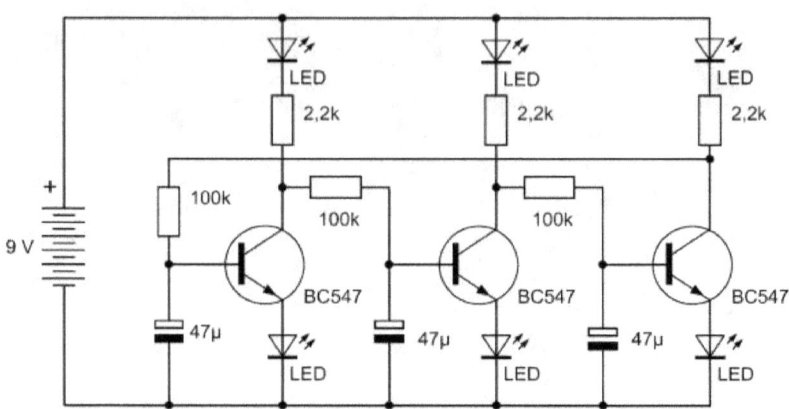

Jede Transistorstufe liefert eine Spannungsverstärkung und dreht die Phase um 180 Grad. Ohne die Kondensatoren arbeitet der dreistufige Verstärker mit starker Gegenkopplung, sodass sich ein mittlerer Arbeitspunkt einstellt. Durch die drei RC-Tiefpassfilter mit jeweils 100 kΩ und 47 µF entsteht eine zusätzliche Phasenverschiebung von 180 Grad. Deshalb können nun Schwingungen entstehen. Eine Welle pflanzt sich laufend durch alle drei Stufen fort. Insgesamt scheinen die LEDs zu rotieren.

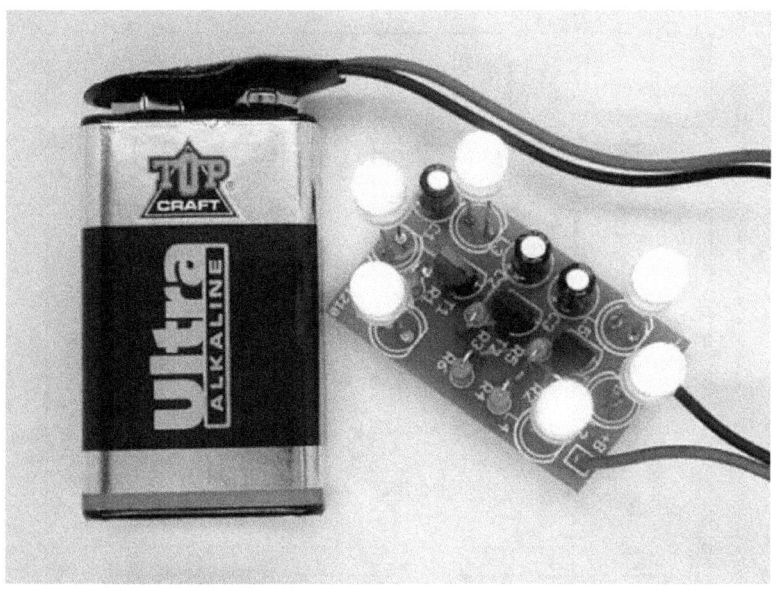

8.3 Analoges Lauflicht mit neun LEDs

Mit drei Stufen wurde die Schaltung ja schon gebaut. Aber im Prinzip müsste die Schaltung mit jeder beliebigen ungeraden Zahl LEDs funktionieren. Also ein Test mit neun LEDs. Alles wurde mit Bauteilen aus der Bastelkiste auf einen Kaffeedeckel gelötet. Neun Stufen sind günstig, weil man freihändig ohne Winkelmesser die Verteilung einigermaßen hinbekommt. Die Ähnlichkeit mit einem Ringoszillator ist kein Zufall. Nur gibt es hier noch Verzögerungsglieder zwischen den Stufen.

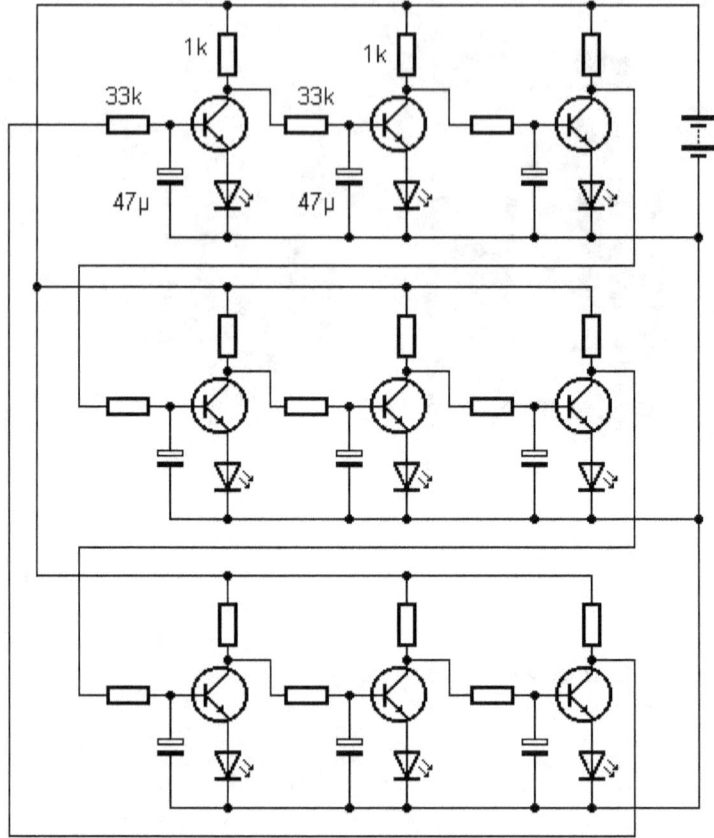

Gebaut und ausprobiert, die Schaltung hat auf Anhieb funktioniert. Aber wie sie funktioniert, das hat mich überrascht. Wenn man nur zwei LEDs betrachtet, sieht es aus wie ein Wechselblinker. Im Wesentlichen sieht man immer eine leuchtende LED neben einer dunklen LED. Aber im schnellen Kreislauf wechseln die Zustände. Ich musste etwas länger nachdenken, bis ich verstanden habe, wie das abläuft. Jede Stufe ist ein Inverter. Im Prinzip wäre dies ein stabiler Zustand:

010101010

Aber weil die letzte Stufe auf die erste zurückgekoppelt ist, passt da etwas nicht. Die linke Stufe kippt also mit einer kleinen Verzögerung um, was dann den nächsten Wechsel auslöst usw. Im Endeffekt läuft eine Störung im Kreis herum:

110101010
111010101
011101010
101110101
010111010
101011101
010101110
101010111
100101011

Das sieht zwar ziemlich digital aus, aber tatsächlich gibt es weiche Übergänge. Und wenn man länger hinschaut, scheint ein Licht im Gegenuhrzeigersinn im Kreis herum zu sausen. Auf jeden Fall ist das Ergebnis völlig anders als bei drei Stufen.

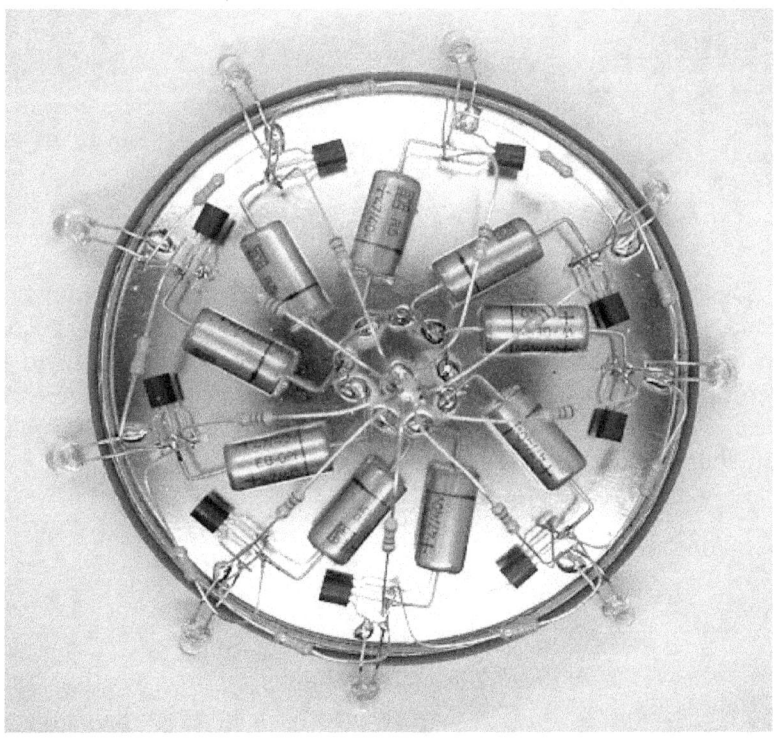

8.4 Laufzeitoszillator mit Röhren

Bei Messungen an einem Röhrenaudion bin ich ganz zufällig auf ein seltsames Phänomen gestoßen: Bei einer ganz bestimmten, überkritischen Position des Rückkopplungsreglers entstanden HF-Schwingungen bei 500 MHz.

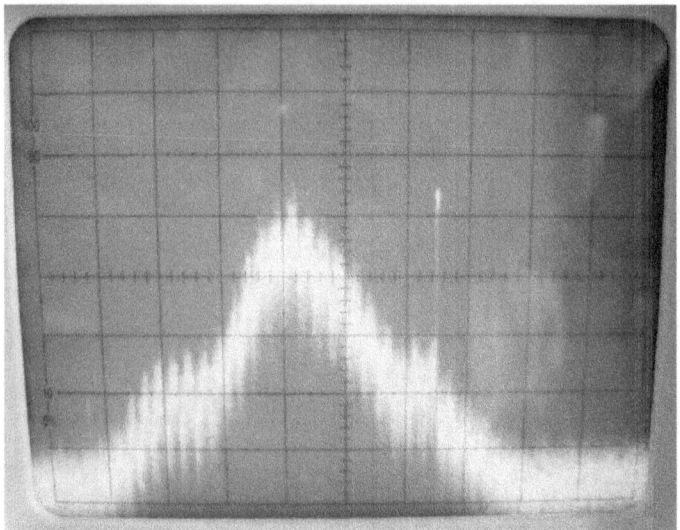

Das Ergebnis war ein Lattenzaun-ähnliches Signal mit Spitzen im Abstand der KW-Empfangsfrequenz. Oberwellen der KW-Frequenz? Nein, denn wenn ich den Eingangskreis kurzschließe, bleibt ein ganz sauberes 500-MHz-Signal stehen. Mit dem Rückkopplungsregler kann ich ca. 50 MHz abstimmen. Das Spektrum zeigt das Signal in unmittelbarer Nähe eines DVB-T-Senders.

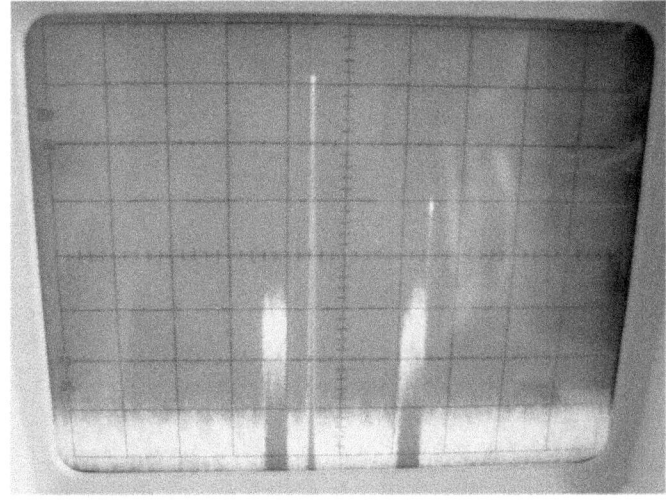

Hier ist die "bereinigte" Schaltung ohne die Zutaten eines Audions. Die verwendete Röhre war eine chinesische 6J1, kompatibel zur EF95. Die Schwingungen waren nur an einem Exemplar zu beobachten, mehrere baugleiche Röhren blieben still. Der 500-MHz-Resonator muss sich irgendwie zufällig aus den Leitungen und den Kapazitäten der Schaltung gebildet haben. Auf den ersten Blick ist nicht zu sehen, warum das ganze überhaupt schwingen kann. Ich glaube, es ist ein Laufzeitoszillator, wie er bei höheren Frequenzen mit Klystrons und Magnetrons verwendet wird.

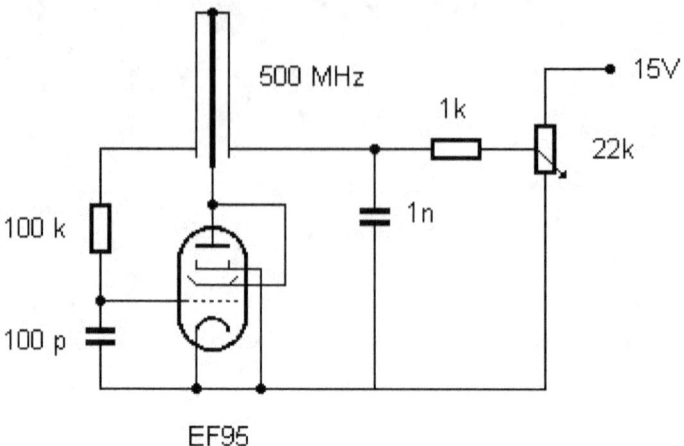

Das Prinzip ist so: Effektiv arbeitet die Pentode hier als Triode. Der Anodenstrom ist von der Anodenspannung abhängig. Eine Triodenkennlinie zeigt: Der Strom steigt mit der Spannung steil an. Das elektrische Feld im Bereich Gitter 1 und Kathode bestimmt den Strom. Wenn nun aber die Elektronen eine bestimmte Zeit brauchen, um zur Anode zu gelangen, kehren sich die Verhältnisse um. Im Moment 1 war die Anodenspannung groß, es wurden viele Elektronen auf den Weg geschickt. Wenn sie aber an der Anode ankommen, sinkt dort die Spannung. In diesem Moment 2 werden also weniger Elektronen von der Kathode bestellt. Wenn die Laufzeit der Elektronen eine halbe Schwingungsperiode beträgt, wird aus der Gegenkopplung eine Rückkopplung. Mit der Anodenspannung kann man die Geschwindigkeit der Elektronen und damit die Laufzeit abstimmen.

Zur Abschätzung der Verhältnisse habe ich aus der Elektronenmasse m und der Elektronenladung e die Elektronengeschwindigkeit v bestimmt:

½ m v² = e U

Für U=15 V ergeben sich 5.200.000 m/s

Wie weit kommt eine Welle mit 500 MHz in dieser Zeit?

s=v/f

Bei 500 MHz und einer Ausbreitungsgeschwindigkeit von 5000 km/s passt eine Wellenlänge gerade in 1 cm. Theoretisch müsste der Abstand Kathode-Anode also 5 mm betragen, damit bei 15 V eine Schwingung von 500 MHz entstehen kann. Das passt! Tatsächlich ist der Weg etwa halb so groß, weil es sich um eine beschleunigte Bewegung der Elektronen handelt. Aber die Spannung war auch etwas geringer eingestellt, um eine maximale Amplitude der Schwingungen zu erhalten.

Nach einem Hinweis von M. Hartmann kam der Gedanke auf, dass es sich um sog. Barkhausen-Kurz-Schwingungen handeln könnte (siehe Wikipedia). Norbert Renz machte daraufhin Experimente mit einer PC86. Weil diese UHF-Röhre extrem kleine Abstände zwischen den Elektroden hat, konnte er Schwingungen bis 2,5 GHz erzeugen, und das mit einer Gitterspannung von nur 6 V.

Ich war auf der Suche nach tieferen Frequenzen. Dazu musste ich größere Röhren verwenden.

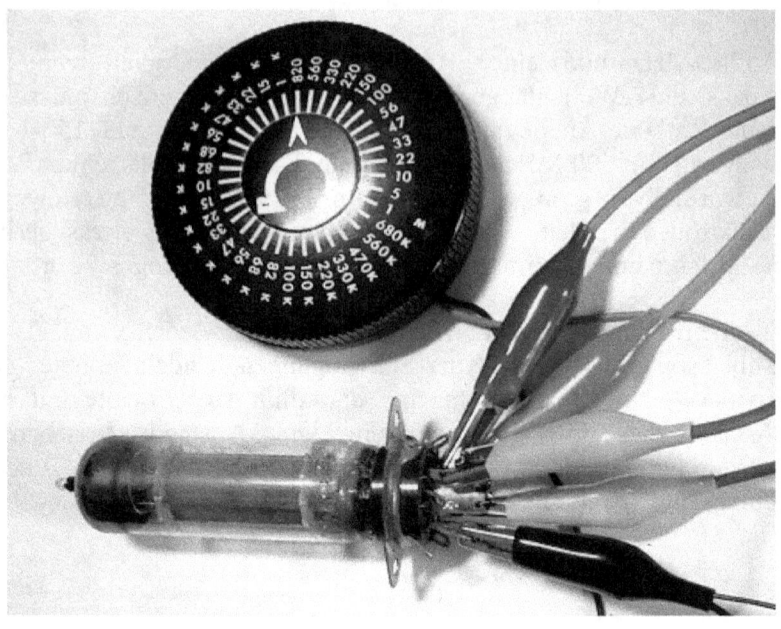

Der erste Erfolg zeigte sich bei einer PL84. Kathode, Anode, Gitter 1 und Gitter 3 an Masse, Spannung nur an Gitter 2 über einen Widerstand. Bei 820 Ohm entsteht ein maximales (nicht sehr kräftiges) Signal mit 210 MHz. Wenn ich den Widerstand verändere, ändern sich auch die Gitterspannung und die Frequenz.

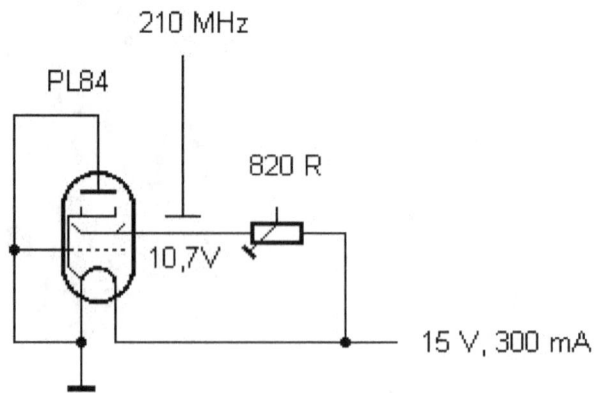

Das Signal kann ich bei loser Kopplung am Spectrum Analyzer sehen.

Bei 100 MHz erkennt man einige UKW-Sender, knapp über 200 MHz die PL84.

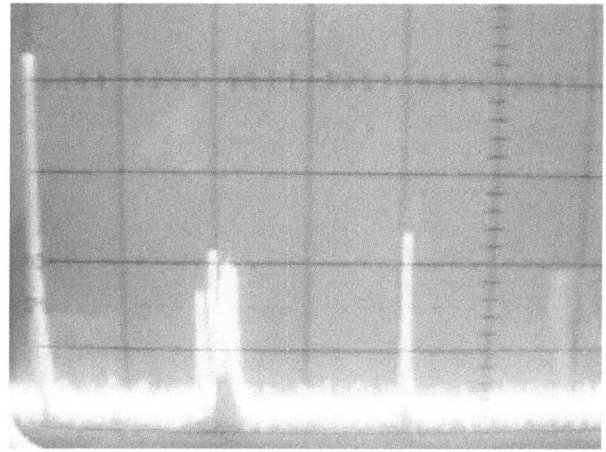

Wenn ich den Gitterwiderstand verkleinere, werden mehrere Frequenzen erzeugt. Meine Vermutung ist, die Elektronen sehen dann teilweise das Gitter 3 und teilweise die Anode als Reflektor. Das bedeutet unterschiedliche Wege und Resonanzen.

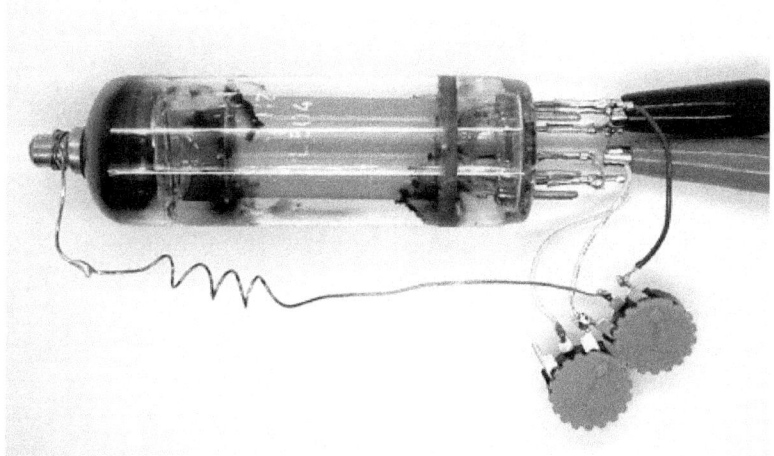

Größere Röhre, kleinere Frequenz, das hat sich bei der PL504 gezeigt. Mit ihr komme ich herab bis 140 MHz. Bei diesem Versuch habe ich die

Spannung am Gitter 2 und die an der Anode unabhängig voneinander mit zwei Potis bis + 25 V (= Heizspannung) eingestellt. So gelingt es, auch auf höheren Frequenzen ein sauberes Signal mit nur einem Träger zu erzeugen.

9 Ladungs- und Informationsspeicher

In der Computertechnik verwendet man unterschiedliche Datenspeicher. Einige behalten die Daten auch ohne eine Betriebsspannung. Dazu gehören EPROMs und FLASH-Speicher. Dagegen vergisst ein RAM üblicherweise alle Inhalte, sobald man die Betriebsspannung abschaltet.

Dynamische Speicher basieren auf gespeicherten Ladungen. Kleinste Kondensatoren halten ihren Ladungszustand für kurze Zeit und müssen im Betrieb immer wieder aufgefrischt werden. Dafür braucht man nur einen Transistor pro Bit. Ein statisches RAM dagegen besteht üblicherweise aus einem Flipflop, das aus mindestens zwei Transistoren besteht.

9.1 Der Zauberstab

Mein Bruder erzählte mir von diesem Zauberstab mit vier pinken LEDs. Immer wenn man ihn neu einschaltet, kommt ein anderes Blinkmuster: Langsam, mittel schnell, ganz an, also alles ganz normal. Nein, überhaupt nicht normal, das ist Zauberei! Woher soll denn die Elektronik wissen, wie der letzte Stand vor dem Ausschalten war?

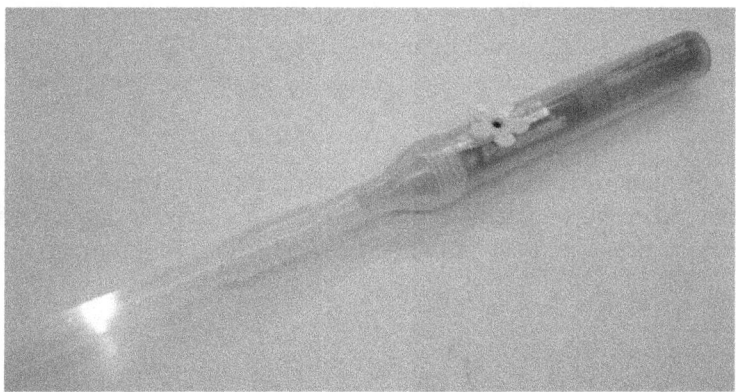

Auf der Platine sieht man ein IC mit sechs Beinchen. Ich glaube, darauf einen dieser neuen 3-Cent-Padauk-Controller zu erkennen, zusammen mit einem keramischen Kondensator und einem Schalttransistor. Der

Controller hat definitiv kein EEPROM, in dem der letzte Stand gespeichert sein könnte. Aber er hat ein statisches RAM.

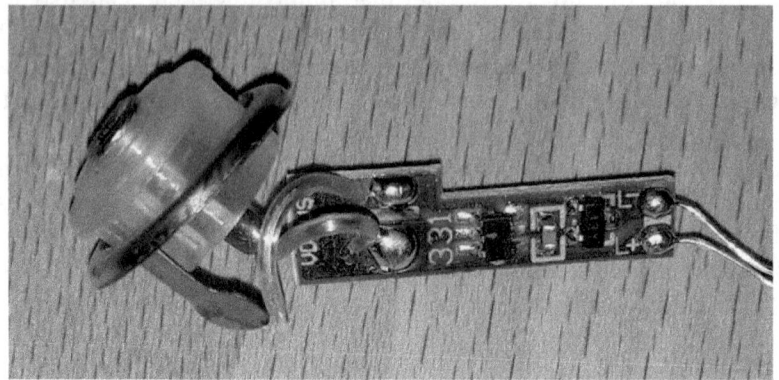

Mein Gedanke war, dass eine Speicherstelle im RAM sich den Zustand lange merken kann, auch wenn die Spannung schon fast ganz runter ist. Nach einem längeren Aus-Zustand müsste diese Information verloren gehen. Aber genau das konnten wir nicht feststellen. Also doch echte Zauberei?

In der Zwischenzeit war der Zauberstab bei mir gelandet. Und mir kam eine Idee: Man sollte ihn nicht nur von der Spannung trennen, sondern auch noch kurzschließen! Und dann war die Information tatsächlich verloren. Der Controller startet dann immer mit einem langsamen Blinken. Damit war mein Verdacht bestätigt. Der Controller wertet den Schatten einer Information im RAM aus, sozusagen den Nimbus der Erinnerung.

Lange hat man ja den Chinesen nachgesagt, dass sie Entwicklungen nur kopieren. Aber oft haben sie so gute Ideen, dass ich sie kopieren muss. Das Ziel ist, dass dies auch auf anderen Controllern funktioniert.

9.2 Ein FET als statisches RAM

Ein POWER-FET wie der IRF520 hat eine relativ große Gate-Kapazität von ca. 350 pF. Das Gate ist bei allen MOS-FETs (Metal Oxide

Semiconductor) durch eine Siliziumdioxid-Schicht extrem gut isoliert. Eine aufgebrachte Ladung bleibt deshalb über Stunden erhalten.

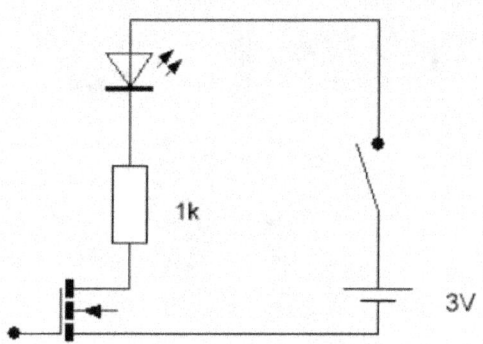

Wenn das Gate weit genug positiv geladen ist, leitet der Transistor. Wenn es entladen ist, sperrt er. Die Ladung am Gate ist unabhängig von der Betriebsspannung und bleibt sowohl bei eingeschalteter Batterie als auch im Aus-Zustand erhalten. Man hat deshalb hier ein vereinfachtes Modell eines dynamischen RAMs. Entscheidend ist, dass die Information (1 oder 0) auch über längere Zeit ohne Betriebsspannung erhalten bleibt. Tests haben gezeigt, dass der Zustand mehrere Stunden lang stabil bleibt.

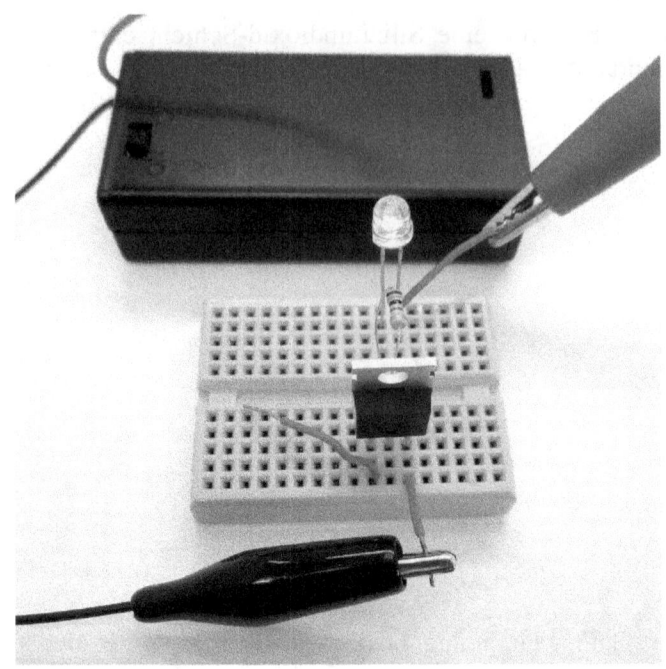

9.3 Das merkfähige RS-Flipflop

Ein statisches RAM enthält Flipflops, die durch eine Rückkopplung über zwei invertierende Verstärker ihren Zustand erhalten, solange die Betriebsspannung anliegt. Dass derselbe Zustand nach dem neuen Einschalten wieder eintritt, ist nicht selbstverständlich. Aber mit einer einzelnen Speicherzelle habe ich es geschafft: Aus einem alten Vierfach-NAND-Gatter CD4011B habe ich ein RS-Flipflop gebaut. Weil die Spannung nur 2,4 V ist, darf ich eine LED ohne Widerstand anschließen.

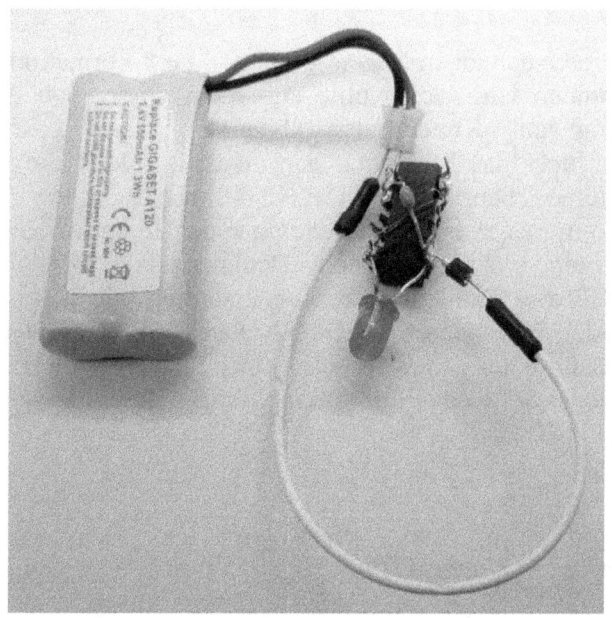

Den Zustand kann ich durch kurze Verbindungen der Anschlüsse umschalten. Und wenn ich dann die Batterie abschalte, merkt sich das Flipflop den Zustand. Beim nächsten Einschalten wird er wieder sichtbar: An oder Aus. Die Erinnerung hält zuverlässig mindestens zehn Minuten lang. Der Zauber ist gelungen!

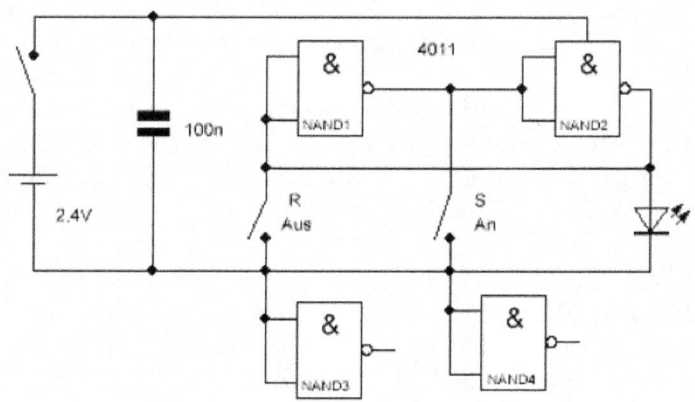

Genauere Untersuchungen haben gezeigt: Die Information hält sogar mehrere Stunden lang! Ich wollte außerdem wissen, ob das von der Restspannung am Kondensator abhängt. Selbst wenn ich den Kondensator über das Messgerät ganz entlade, bleibt die Information erhalten. Meine Theorie dazu: Der CD4011B hat einen zweistufigen Aufbau, also immer zwei Gatter hintereinander. Irgendwo unter 2 V sind die Transistoren vollständig gesperrt. Dann kann sich auf einem Gate der inneren Stufe eine Restladung erhalten, ähnlich wie in meinem FET-Speichermodell im letzten Abschnitt. Außen Null, innen vielleicht noch 1V. Wenn dann beim neuen Anlegen einer Spannung die Entscheidung fällt, zu welcher Seite das Flipflop kippt, bringt diese kleine Ladung den Ausschlag.

9.4 Datenerhalt in einem ATtiny85

Im Gegensatz zu den kleinen Padauk-Controllern hat der Atinsy85 ein internes EEPROM. Man könnte also einfach aktuelle Daten im EEPROM ablegen und sie bei einem neuen Einschalten auslesen. Allerdings hat ein EEPROM eine begrenzte Anzahl von Schreibzyklen, was die möglichen Anwendungen einschränkt.

Es war deshalb reizvoll, das Verfahren aus dem Zauberstab auch in den Tiny85 zu zaubern. Es musste dazu untersucht werden, ob auch hier RAM-Inhalte eine gewisse Zeit lang erhalten bleiben.

Erste Versuche mit BASCOM schlugen fehl, weil BASCOM alle Speicherbereiche initialisiert. Wenn man also in eine Speicherzelle eine Information geschrieben hat, wird sie beim nächsten Einschalten sofort gelöscht.

Den Erfolg brachte schließlich die C-Programmierung mit dem AtmelStudio 7. Wenn man mit char s[5] einen String der Länge 5 deklariert, werden alle fünf Bytes zwar automatisch mit Nullen gefüllt. Aber wenn man dann außerhalb dieses Bereichs z.B. mit s[7] auf eine nicht deklarierte Speicherstelle zugreift, wird sie so gelesen, wie sie ist. Es wird ja immer wieder betont, das C nicht vor solchen „Fehlern" warnt, aber diesmal ist es ein großer Vorteil und bietet die Möglichkeit, auf beliebige Speicherstellen im RAM zuzugreifen. Und dabei zeigte sich tatsächlich, dass Speicherinhalte auch nach dem Aus- und wieder Einschalten erhalten bleiben.

```
// ATtiny85 Zauberstab

#include <avr/io.h>

char s[5];
unsigned char d;

int main(void)
{
        d = s[7];
        if (d>4) d=0;
        DDRB = 255;
        if (d==0) PORTB = 1;
        if (d==1) PORTB = 2;
        if (d==2) PORTB = 4;
        if (d==3) PORTB = 8;
        if (d==4) PORTB = 16;
        d++;
        s[7] = d;
   while (1)   { }
}
```

Das kleine Anwenderprogramm ahmt die Funktion des Zauberstabs nach. Hier gibt es fünf Ausgänge, die automatisch mit jedem neuen Einschalten weiter geschaltet werden. Das Byte in s[7] wird dazu jedes Mal erhöht und wieder gespeichert.

Die Anwendung funktioniert! Der Tiny85 merkt sich also tatsächlich einen Speicherinhalt auch ohne Betriebsspannung, ganz ähnlich wie das RS-Flipflop aus dem letzten Abschnitt. Allerdings darf die Zeit ohne Betriebsspannung nicht länger als fünf Sekunden sein. Danach ändert sich der Speicherinhalt. Vermutlich streben die Speicherzellen den Eins-Zustand an. Das Programm setzt die Variable dann jeweils auf Null zurück, sodass Port B0 eingeschaltet wird. Nach einer längeren Pause beginnt das Programm also immer mit B0, die rote LED leuchtet. Durch wiederholtes Aus- und Einschalten kann man auf die andern Ausgänge umschalten.

Fünf Sekunden sind eine kurze Zeit. Aber sie reicht, um diese Eigenschaft des internen Speichers gezielt einzusetzen. Eine Controller-Anwendung hat vielleicht schon alle Portanschlüsse restlos verbraucht. Nun fehlt nur noch ein Schalteingang, dann könnte man die Anwendung in einen anderen Modus umschalten. Hier hilft der Power-Schalter. Einmal kurz aus- und wieder einschalten, und schon landet man im zweiten Modus.

www.ingramcontent.com/pod-product-compliance
Lightning Source LLC
Chambersburg PA
CBHW070644220526
45466CB00001B/287